電子情報通信レクチャーシリーズ **B-12**

波動解析基礎

電子情報通信学会●編

小柴正則 著

コロナ社

▶電子情報通信学会 教科書委員会 企画委員会◀

- ●委員長　　　　　　　原島　　博（東京大学教授）
- ●幹事　　　　　　　　石塚　　満（東京大学教授）
  （五十音順）
  　　　　　　　　　　　大石　進一（早稲田大学教授）
  　　　　　　　　　　　中川　正雄（慶應義塾大学教授）
  　　　　　　　　　　　古屋　一仁（東京工業大学教授）

▶電子情報通信学会 教科書委員会◀

- ●委員長　　　　　　　辻井　重男〔中央大学教授／東京工業大学名誉教授〕
- ●副委員長　　　　　　長尾　　真（京都大学総長）
  　　　　　　　　　　　神谷　武志〔大学評価・学位授与機構／東京大学名誉教授〕
- ●幹事長兼企画委員長　原島　　博（東京大学教授）
- ●幹事　　　　　　　　石塚　　満（東京大学教授）
  （五十音順）
  　　　　　　　　　　　大石　進一（早稲田大学教授）
  　　　　　　　　　　　中川　正雄（慶應義塾大学教授）
  　　　　　　　　　　　古屋　一仁（東京工業大学教授）
- ●委員　　　　　　　　122名

（2002年3月現在）

刊行のことば

　新世紀の開幕を控えた1990年代，本学会が対象とする学問と技術の広がりと奥行きは飛躍的に拡大し，電子情報通信技術とほぼ同義語としての"IT"が連日，新聞紙面を賑わすようになった．

　いわゆるIT革命に対する感度は人により様々であるとしても，ITが経済，行政，教育，文化，医療，福祉，環境など社会全般のインフラストラクチャとなり，グローバルなスケールで文明の構造と人々の心のありさまを変えつつあることは間違いない．

　また，政府がITと並ぶ科学技術政策の重点として掲げるナノテクノロジーやバイオテクノロジーも本学会が直接，あるいは間接に対象とするフロンティアである．例えば工学にとって，これまで教養的色彩の強かった量子力学は，今やナノテクノロジーや量子コンピュータの研究開発に不可欠な実学的手法となった．

　こうした技術と人間・社会とのかかわりの深まりや学術の広がりを踏まえて，本学会は1999年，教科書委員会を発足させ，約2年間をかけて新しい教科書シリーズの構想を練り，高専，大学学部学生，及び大学院学生を主な対象として，共通，基礎，基盤，展開の諸段階からなる60余冊の教科書を刊行することとした．

　分野の広がりに加えて，ビジュアルな説明に重点をおいて理解を深めるよう配慮したのも本シリーズの特長である．しかし，受身的な読み方だけでは，書かれた内容を活用することはできない．"分かる"とは，自分なりの論理で対象を再構築することである．研究開発の将来を担う学生諸君には是非そのような積極的な読み方をしていただきたい．

　さて，IT社会が目指す人類の普遍的価値は何かと改めて問われれば，それは，安定性とのバランスが保たれる中での自由の拡大ではないだろうか．

　哲学者ヘーゲルは，"世界史とは，人間の自由の意識の進歩のことであり，…その進歩の必然性を我々は認識しなければならない"と歴史哲学講義で述べている．"自由"には利便性の向上や自己決定・選択幅の拡大など多様な意味が込められよう．電子情報通信技術による自由の拡大は，様々な矛盾や相克あるいは摩擦を引き起こすことも事実であるが，それらのマイナス面を最小化しつつ，我々はヘーゲルの時代的，地域的制約を超えて，人々の幸福感を高めるような自由の拡大を目指したいものである．

　学生諸君が，そのような夢と気概をもって勉学し，将来，各自の才能を十分に発揮して活躍していただくための知的資産として本教科書シリーズが役立つことを執筆者らと共に願っ

ている．

　なお，昭和55年以来発刊してきた電子情報通信学会大学シリーズも，現代的価値を持ち続けているので，本シリーズとあわせ，利用していただければ幸いである．

　終わりに本シリーズの発刊にご協力いただいた多くの方々に深い感謝の意を表しておきたい．

　2002年3月　　　　　　　　　　　　　　　　　　電子情報通信学会　教科書委員会

　　　　　　　　　　　　　　　　　　　　　　　　　委員長　辻井　重男

まえがき

　超高速光通信システムでは「光（光波）」が，また移動体通信システムでは「電波」が，私たちのごく身近で，まさしく八面六臂の大活躍を続けている．こうした光や電波は，いずれも「電磁波」という「波動」の一種である．「波」という文字を二つに分けてみると，「水の皮」と読める．水の表面は揺れ動いているのが普通であり，これが波（波動）になる．波動には，こうした電磁波や海の波のほかにも，「音（音波）」や「超音波」，地震のように固体中を伝わる「弾性波」，音速よりも速く伝わる「衝撃波」，電子の波動性が顕著になった「電子波」，アインシュタインがその存在を予測した「重力波」など，実にさまざまなものがある．情報化時代とされる21世紀にあって，とりわけ電磁波は，マルチメディアサービスの担い手として，ますます重要なものになっている．

　本書では，光や電波といった電磁波の基本的な性質を学ぶことを目的としている．書名が「波動解析基礎」となっているのは，「自然現象は数学という言葉によって語られる」という名言があるように，数式による記述なしには，「波動」という自然現象を正しく把握することが難しいからである．もちろん，数学は自然現象を理解するための必要十分条件ではない．重要なのは，何が本質かを見極める能力（センス）であり，こうしたセンスを養うには，数式のもつ物理的な意味をとことん考え，理解を深める努力が必要である．

　こうしたことから本書では，波動現象を数学的に記述するにあたって，理論の展開や数式の変形に飛躍がないように，また数式のもつ物理的な意味をその都度説明するように心がけた．一方で，紙面を見やすくするために，見開き2ページのなかに一つの項目を収めるということを実験的に試みた．このため，十分な説明ができなかったところがいくつかあるが，これらは「理解度の確認（演習問題）」の「解説（解答）」の紙面を借りて詳しく説明した．具体的には，「キルヒホッフの法則の内容と使い方（問 1.1）」，「オイラーの恒等式の意味と表記法（問 1.4）」，「ガウスビームの解の導き方（問 2.5）」，「ストークスパラメータの意味と偏波状態の表し方（問 3.1）」，「回折公式の導き方（問 4.4）」である．

　電磁波は目に見えないので，理解しにくい自然現象の一つではある．私たちの周りを，まさしく縦横に駆け巡り，ますます身近な存在になりつつある電磁波に少しでも親しみを感じてもらおうと，できるだけ丁寧な説明を心がけたつもりであるが，思わぬ考え違いや誤りがあることを懸念している．不適切な表現や間違いがあれば，是非ご叱正，ご指摘いただきたく願うものである．なお，本書は，「電磁気学」，「電気回路」といった基礎科目を学習して

いることを前提としているので，これらの科目に関係するテキストもあわせて参考にしていただきたい．

　本書執筆の機会を与えていただいた電子情報通信学会教科書委員会委員長の辻井重男先生，同委員会企画委員会委員長の原島　博先生をはじめ，ご関係の方々に深謝する．

2002 年 10 月

小　柴　正　則

目次

1. 分布定数回路と波動

- 1.1 伝送線路方程式 …………………………………… 2
- 1.2 波動方程式 ………………………………………… 4
- 1.3 ダランベールの解 ………………………………… 6
- 談話室　変数変換に関する公式 …………………… 7
- 1.4 正弦波振動 ………………………………………… 8
- 1.5 ヘルムホルツ方程式 ……………………………… 10
- 1.6 入射波と反射波 …………………………………… 12
- 1.7 伝送線路の性質 …………………………………… 14
- 1.8 反射係数 …………………………………………… 16
- 1.9 定在波 ……………………………………………… 18
- 1.10 入力インピーダンス ……………………………… 20
- 談話室　インピーダンスの測定 …………………… 21
- 1.11 インピーダンス変換 ……………………………… 22
- 1.12 群速度 ……………………………………………… 24
- 本章のまとめ ………………………………………… 26
- 理解度の確認 ………………………………………… 26

2. 光・電磁波の基礎

- 2.1 マクスウェルの方程式 …………………………… 28
- 2.2 構成関係式 ………………………………………… 30
- 2.3 ベクトル波動方程式 ……………………………… 32
- 2.4 電磁ポテンシャル ………………………………… 34
- 談話室　アハラノフ-ボーム効果 …………………… 35
- 2.5 正弦波電磁界 ……………………………………… 36

- 2.6 ポインティングベクトル …………………………………… *38*
- 2.7 境界条件 …………………………………………………… *40*
- 2.8 平面波 ……………………………………………………… *42*
- 2.9 ガウスビーム ……………………………………………… *44*
- 2.10 グリーン関数 ……………………………………………… *46*
- 談話室 グリーン関数の可逆性 ………………………………… *47*
- 2.11 フロケの定理 ……………………………………………… *48*
- 2.12 ブリュアンダイアグラム ………………………………… *50*
- 本章のまとめ ……………………………………………………… *52*
- 理解度の確認 ……………………………………………………… *52*

3. 反射と透過

- 3.1 電磁波の伝送線路方程式 ………………………………… *54*
- 3.2 電磁波の等価伝送線路 …………………………………… *56*
- 3.3 平面波の伝搬特性 ………………………………………… *58*
- 3.4 偏波 ………………………………………………………… *60*
- 3.5 媒質境界面からの反射 …………………………………… *62*
- 3.6 金属表面からの反射 ……………………………………… *64*
- 談話室 電磁遮へい ……………………………………………… *65*
- 3.7 誘電体多層膜 ……………………………………………… *66*
- 3.8 TE 波と TM 波 …………………………………………… *68*
- 3.9 斜入射平面波の等価伝送線路 …………………………… *70*
- 3.10 フレネル係数 ……………………………………………… *72*
- 3.11 全反射とブルースター角 ………………………………… *74*
- 3.12 グース-ヘンシェンシフト ………………………………… *76*
- 本章のまとめ ……………………………………………………… *78*
- 理解度の確認 ……………………………………………………… *78*

4. 干渉と回折

- 4.1 2 波干渉 …………………………………………………… *80*

4.2	可視度	82
4.3	多重干渉	84
4.4	うなり（ビート）	86
4.5	コヒーレンス	88
4.6	回折公式	90
4.7	フレネル回折とフラウンホーファー回折	92
談話室	フレネル領域とフラウンホーファー領域	93
4.8	半無限平板による回折	94
談話室	フレネル積分	95
4.9	スリットによる回折	96
4.10	アレー状スリットによる回折	98
4.11	方形開口による回折	100
4.12	円形開口による回折	102
本章のまとめ		104
理解度の確認		104

5. 伝送と結合

5.1	導波路による伝送	106
5.2	分散方程式	108
5.3	導波路の横方向等価伝送線路	110
5.4	導波路の伝送特性	112
5.5	分散曲線	114
5.6	導波モードの電磁界分布	116
5.7	モード結合	118
談話室	モード結合方程式	119
5.8	受動的結合	120
5.9	同方向結合の伝送電力	122
5.10	能動的結合	124
5.11	逆方向結合の伝送電力	126
5.12	ブラッグ反射	128
本章のまとめ		130
理解度の確認		130

参 考 文 献 ……………………………………………………… *131*
理解度の確認；解説 ……………………………………………… *132*
索　　　　引 ……………………………………………………… *149*

1 分布定数回路と波動

　抵抗，インダクタンス，静電容量などの回路定数が，空間のある一点に集中しているとして取り扱うことができない，すなわち空間的な大きさを考慮することが必要な電気回路を分布定数回路という．こうした分布定数回路の電圧，電流は波動として伝わり，その取扱いは容易で，波動を知るための第一歩になる．

　本章では，伝送線路方程式から波動方程式やヘルムホルツ方程式を導き，分布定数回路の基礎事項を整理しながら，分布定数回路を伝搬する電圧，電流の波動としての性質について学習する．

1.1 伝送線路方程式

抵抗，インダクタンス，静電容量などの回路定数が空間のある一点に集中しているとして取り扱うことができない，すなわち空間的な大きさを考慮することが必要な電気回路を**分布定数回路** (distributed constant circuit) という．これに対して，こうした回路定数が一点に集中して存在するとして取り扱うことができる場合には，**集中定数回路** (lumped constant circuit) と呼んで区別する．

いま，回路定数が直角座標 x [m], y [m], z [m] のいずれか一方向，例えば**図 1.1** に示すような z 方向に均一に分布した**伝送線路** (transmission line) を考え，単位長当りの直列インダクタンス，直列抵抗，並列容量，並列コンダクタンスをそれぞれ L [H/m], R [Ω/m], C [F/m], G [S/m] とする．これらの回路定数は伝送線路の**一次定数** (primary constant) と呼ばれる．この伝送線路の微小区間 Δz に対する等価回路を**図 1.2** に示す．ここに v [V], i [A] はそれぞれ伝送線路上の**電圧** (voltage), **電流** (current) であり，t [s] は時間である．ここでは，一次定数が均一に分布した**均一伝送線路** (uniform transmission line) を考えているので，L, R, C, G は定数である．これに対して，一次定数が空間的に不均一に分布し，L, R, C, G が位置 z の関数となる伝送線路は**不均一伝送線路** (nonuniform transmission line) と呼ばれる．

さて，図 1.2 の等価回路に**キルヒホッフの法則** (Kirchhoff's law) (問 1.1 の解答参照) を適用すると

$$v(z,t) = L\frac{\partial i(z,t)}{\partial t}\Delta z + Ri(z,t)\Delta z + v(z+\Delta z, t) \tag{1.1a}$$

$$i(z,t) = C\frac{\partial v(z,t)}{\partial t}\Delta z + Gv(z,t)\Delta z + i(z+\Delta z, t) \tag{1.1b}$$

が得られる．式 (1.1) の右辺の $v(z+\Delta z, t), i(z+\Delta z, t)$ が，微小な Δz に関して

$$v(z+\Delta z, t) = v(z,t) + \frac{\partial v(z,t)}{\partial z}\Delta z \tag{1.2a}$$

$$i(z+\Delta z, t) = i(z,t) + \frac{\partial i(z,t)}{\partial z}\Delta z \tag{1.2b}$$

と書けることに注意し，位置 z, 時刻 t における電圧 $v(z,t)$, 電流 $i(z,t)$ をそれぞれ v, i と略

記すると, 式 (1.1) は

$$-\frac{\partial v}{\partial z} = L\frac{\partial i}{\partial t} + Ri \tag{1.3a}$$

$$-\frac{\partial i}{\partial z} = C\frac{\partial v}{\partial t} + Gv \tag{1.3b}$$

となる. これらは**電信方程式** (telegraph equation), あるいは**伝送線路方程式** (transmission line equation) と呼ばれる. **無損失伝送線路** (loss-less transmission line) に対する伝送線路方程式は, $R=0, G=0$ とおいて

$$-\frac{\partial v}{\partial z} = L\frac{\partial i}{\partial t} \tag{1.4a}$$

$$-\frac{\partial i}{\partial z} = C\frac{\partial v}{\partial t} \tag{1.4b}$$

で与えられる.

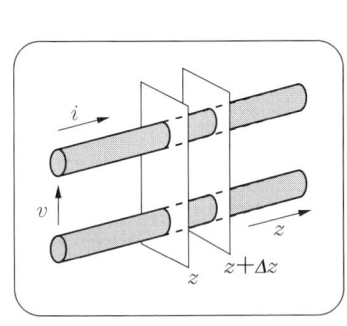

図 1.1 伝送線路

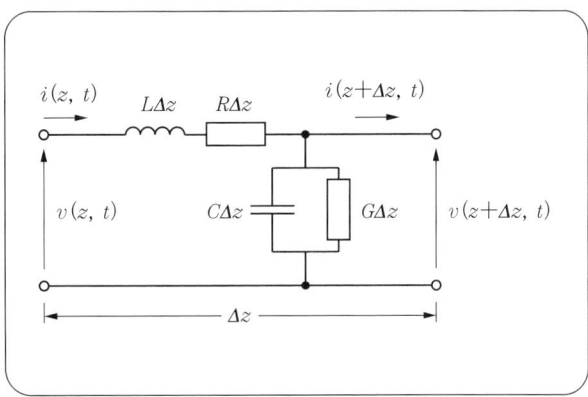

図 1.2 伝送線路の微小区間 Δz の等価回路

1.2 波動方程式

無損失伝送線路を考え，式 (1.4) から電流 i, あるいは電圧 v を消去すると

$$\frac{\partial^2 v}{\partial z^2} - LC\frac{\partial^2 v}{\partial t^2} = 0 \tag{1.5a}$$

$$\frac{\partial^2 i}{\partial z^2} - LC\frac{\partial^2 i}{\partial t^2} = 0 \tag{1.5b}$$

が得られる．これらは**波動方程式** (wave equation) と呼ばれ，その解は，1.3 節で述べる**ダランベールの解** (d'Alembert solution) を用いて，例えば電圧 v であれば

$$v = f(z - v_w t) + g(z + v_w t) \tag{1.6}$$

と書ける．ここに v_w は

$$v_w = \frac{1}{\sqrt{LC}} \tag{1.7}$$

で与えられ，速度の単位〔m/s〕をもつ．

電圧 v が分かると，電流 i は

$$i = [f(z - v_w t) - g(z + v_w t)]\frac{1}{Z_w} \tag{1.8}$$

と求められる．ここに Z_w は

$$Z_w = \sqrt{\frac{L}{C}} \tag{1.9}$$

で与えられ，インピーダンスの単位〔Ω〕をもつ．

さて，式 (1.6) の右辺の第 1 項，すなわち $f(z - v_w t)$ は $z - v_w t$ の任意の関数であるから，時間 t と位置 z がどのように変化しても，$z - v_w t$ の値が一定であれば，$f(z - v_w t)$ の値は変わらない．いま，$t = t_1$, $z = z_1$ における関数値 $f(z_1 - v_w t_1)$ と，$t = t_2 > t_1$, $z = z_2$ における関数値 $f(z_2 - v_w t_2)$ とが等しいとすると

$$z_1 - v_w t_1 = z_2 - v_w t_2 \tag{1.10}$$

でなければならないので

$$v_w = \frac{z_2 - z_1}{t_2 - t_1} \tag{1.11}$$

が得られる．この左辺は $v_w = 1/\sqrt{LC} > 0$ であるから，$t_2 > t_1$ のとき，$z_2 > z_1$ となる．すなわち，時間の経過とともに $f(z - v_w t)$ は，図 **1.3**(a) に示すように，形を変えずに $+z$ 方向に移動したことになるので，式 (1.11) の v_w は，$f(z - v_w t)$ の波形が移動する速度を表していると考えることができる．

一方，式 (1.6) の右辺の第 2 項，すなわち $g(z + v_w t)$ についても同様にして

$$v_w = -\frac{z_2 - z_1}{t_2 - t_1} \tag{1.12}$$

が得られる．この左辺も $v_w = 1/\sqrt{LC} > 0$ であるから，$t_2 > t_1$ のとき，$z_2 < z_1$ となる．すなわち，$g(z + v_w t)$ の波形は，図 (b) に示すように，速度 v_w で $-z$ 方向に移動していることになる．

このように，波動方程式の解は互いに反対方向に伝搬する二つの独立な解の重ね合わせとして表され，$+z$ 方向に伝搬する $f(z - v_w t)$ を **前進波** (forward wave)，$-z$ 方向に伝搬する $g(z + v_w t)$ を **後進波** (backward wave) という．また，電流に関する式 (1.8) の右辺の第 1 項，第 2 項の符号がそれぞれ正，負になっているのは，前進波，後進波の電流がそれぞれ $+z$，$-z$ 方向に流れていることに対応する．

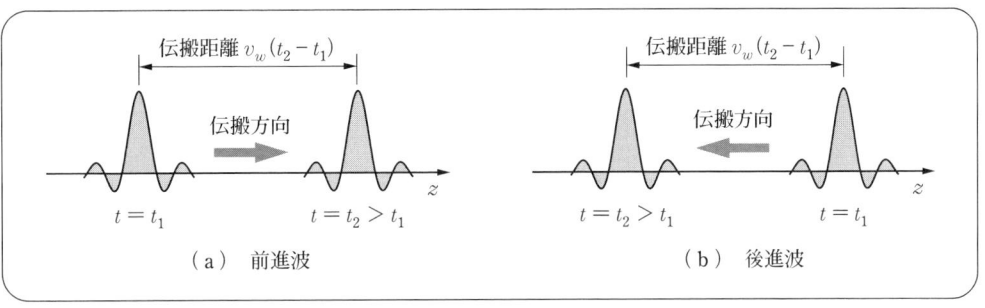

図 **1.3** 前進波と後進波

1.3 ダランベールの解

ダランベールの解は波動を理解するための基本になるので，ここで，伝送線路上の電圧 v, 電流 i がそれぞれ式 (1.6), (1.8) で与えられることを示しておく．

いま，変数 z, t を

$$\xi = z - v_w t \tag{1.13a}$$

$$\eta = z + v_w t \tag{1.13b}$$

のように，変数 ξ, η に変換すると，$\partial v/\partial z, \partial v/\partial t$ は

$$\frac{\partial v}{\partial z} = \frac{\partial \xi}{\partial z}\frac{\partial v}{\partial \xi} + \frac{\partial \eta}{\partial z}\frac{\partial v}{\partial \eta} = \frac{\partial v}{\partial \xi} + \frac{\partial v}{\partial \eta} \tag{1.14a}$$

$$\frac{\partial v}{\partial t} = \frac{\partial \xi}{\partial t}\frac{\partial v}{\partial \xi} + \frac{\partial \eta}{\partial t}\frac{\partial v}{\partial \eta} = -v_w\frac{\partial v}{\partial \xi} + v_w\frac{\partial v}{\partial \eta} \tag{1.14b}$$

となる (談話室参照)．更に，$\partial^2 v/\partial z^2, \partial^2 v/\partial t^2$ は

$$\begin{aligned}\frac{\partial^2 v}{\partial z^2} &= \frac{\partial}{\partial z}\left(\frac{\partial v}{\partial \xi} + \frac{\partial v}{\partial \eta}\right) \\ &= \frac{\partial \xi}{\partial z}\frac{\partial}{\partial \xi}\left(\frac{\partial v}{\partial \xi} + \frac{\partial v}{\partial \eta}\right) + \frac{\partial \eta}{\partial z}\frac{\partial}{\partial \eta}\left(\frac{\partial v}{\partial \xi} + \frac{\partial v}{\partial \eta}\right) \\ &= \frac{\partial^2 v}{\partial \xi^2} + 2\frac{\partial^2 v}{\partial \xi \partial \eta} + \frac{\partial^2 v}{\partial \eta^2}\end{aligned} \tag{1.15a}$$

$$\begin{aligned}\frac{\partial^2 v}{\partial t^2} &= \frac{\partial}{\partial t}\left(-v_w\frac{\partial v}{\partial \xi} + v_w\frac{\partial v}{\partial \eta}\right) \\ &= \frac{\partial \xi}{\partial t}\frac{\partial}{\partial \xi}\left(-v_w\frac{\partial v}{\partial \xi} + v_w\frac{\partial v}{\partial \eta}\right) + \frac{\partial \eta}{\partial t}\frac{\partial}{\partial \eta}\left(-v_w\frac{\partial v}{\partial \xi} + v_w\frac{\partial v}{\partial \eta}\right) \\ &= v_w^2\frac{\partial^2 v}{\partial \xi^2} - 2v_w^2\frac{\partial^2 v}{\partial \xi \partial \eta} + v_w^2\frac{\partial^2 v}{\partial \eta^2}\end{aligned} \tag{1.15b}$$

となる (談話室参照)．

さて，式 (1.15) を式 (1.5a) に代入し，式 (1.7) を用いると

$$\frac{\partial^2 v}{\partial \xi \partial \eta} = 0 \tag{1.16}$$

が得られる．これを η で積分すると

$$\frac{\partial v}{\partial \xi} = h(\xi) \tag{1.17}$$

となり，更に ξ で積分し

$$f(\xi) = \int h(\xi)\,d\xi \tag{1.18}$$

とおくと

$$v = f(\xi) + g(\eta) \tag{1.19}$$

が得られる．ここに $f(\xi)$, $h(\xi)$ は $\xi = z - v_w t$ のみの関数，$g(\eta)$ は $\eta = z + v_w t$ のみの関数であるので，電圧 v が式 (1.6) で与えられることが示された．

次に，式 (1.4) の伝送線路方程式についても，式 (1.13) と同様の変数変換を行い，式 (1.7)，(1.9) を用いると

$$\frac{\partial i}{\partial \xi} - \frac{\partial i}{\partial \eta} = \frac{1}{Z_w}\left(\frac{\partial v}{\partial \xi} + \frac{\partial v}{\partial \eta}\right) \tag{1.20a}$$

$$\frac{\partial i}{\partial \xi} + \frac{\partial i}{\partial \eta} = \frac{1}{Z_w}\left(\frac{\partial v}{\partial \xi} - \frac{\partial v}{\partial \eta}\right) \tag{1.20b}$$

が得られる．したがって，$v = f(\xi)$ のとき，$i = f(\xi)/Z_w$，また $v = g(\eta)$ のとき，$i = -g(\eta)/Z_w$ となり，電流 i は式 (1.8) で与えられることになる．

☕ **談 話 室** ☕

変数変換に関する公式　　変数 z, t を変数 ξ, η に変換し，これらの変数の間に $\xi = \xi(z,t)$, $\eta = \eta(z,t)$ の関係があるものとすると，z, t に関する偏微分は

$$\begin{bmatrix} \frac{\partial}{\partial z} \\ \frac{\partial}{\partial t} \end{bmatrix} = [J] \begin{bmatrix} \frac{\partial}{\partial \xi} \\ \frac{\partial}{\partial \eta} \end{bmatrix} = \begin{bmatrix} \frac{\partial \xi}{\partial z} & \frac{\partial \eta}{\partial z} \\ \frac{\partial \xi}{\partial t} & \frac{\partial \eta}{\partial t} \end{bmatrix} \begin{bmatrix} \frac{\partial}{\partial \xi} \\ \frac{\partial}{\partial \eta} \end{bmatrix}$$

のように，ξ, η に関する偏微分に変換される．ここに $[J]$ は**ヤコビアン行列** (Jacobian matrix) と呼ばれる．変数 z, t と変数 ξ, η との間の関係式が，例えば式 (1.13) のように与えられると，ヤコビアン行列の要素は，$\frac{\partial \xi}{\partial z} = 1$, $\frac{\partial \eta}{\partial z} = 1$, $\frac{\partial \xi}{\partial t} = -v_w$, $\frac{\partial \eta}{\partial t} = v_w$ となるので，$\frac{\partial v}{\partial z}$, $\frac{\partial v}{\partial t}$ は式 (1.14) のように計算され，また $\frac{\partial^2 v}{\partial z^2}$, $\frac{\partial^2 v}{\partial t^2}$ は式 (1.15) のように計算されることになる．

1.4 正弦波振動

電圧，電流が，**図 1.4** に示すように，**角周波数** (angular frequency) ω [rad/s] で時間的に正弦波振動している場合には，虚数単位 j を用いて

$$v(z,t) = \begin{cases} \mathrm{Re}[V(z)\exp(j\omega t)] & (|V(z)| \text{ は波高値}) \\ \mathrm{Re}[\sqrt{2}V(z)\exp(j\omega t)] & (|V(z)| \text{ は実効値}) \end{cases} \tag{1.21a}$$

$$i(z,t) = \begin{cases} \mathrm{Re}[I(z)\exp(j\omega t)] & (|I(z)| \text{ は波高値}) \\ \mathrm{Re}[\sqrt{2}I(z)\exp(j\omega t)] & (|I(z)| \text{ は実効値}) \end{cases} \tag{1.21b}$$

のように関係づけられる複素電圧 $V(z) \equiv V$，複素電流 $I(z) \equiv I$ を導入すると，後述するように，時間微分 $\partial/\partial t$ を等価的に $j\omega$ に置き換えることができるので，計算が簡単になる．ここに $\mathrm{Re}[V(z)\exp(j\omega t)]$ などは複素数 $V(z)\exp(j\omega t)$ の実部をとることを意味し，$|V(z)|$，$|I(z)|$ はそれぞれ $V(z)$，$I(z)$ の大きさ (絶対値) を表す．また，$\exp(j\omega t)$ は，**オイラーの恒等式** (Euler identity) から，その実部，虚部がそれぞれ $\cos\omega t$，$\sin\omega t$ で与えられる複素数である (問 1.4 の解答参照)．

いま，電圧，電流を $v = V\exp(j\omega t)$，$i = I\exp(j\omega t)$ とおき ($|V|$，$|I|$ は波高値)，これらを式 (1.3) に代入して，すべての項に共通に含まれる $\exp(j\omega t)$ を省略すると

$$-\frac{dV}{dz} = (R + j\omega L)I = ZI \tag{1.22a}$$

$$-\frac{dI}{dz} = (G + j\omega C)V = YV \tag{1.22b}$$

のような周波数領域における伝送線路方程式が導かれる．ここに Z [Ω/m]，Y [S/m] はそれぞれ単位長当りの分布直列インピーダンス，分布並列アドミタンスと呼ばれ

$$Z = R + j\omega L, \qquad Y = G + j\omega C \tag{1.23}$$

で与えられる．式 (1.22) は，式 (1.3) 中の時間微分 $\partial/\partial t$ を $j\omega$ に置き換えた形になっており，それだけ計算は簡単になるが，実際の電圧，電流は V，I ではなく，$V\exp(j\omega t)$，

$I\exp(j\omega t)$ の実部である (式 (1.21) 参照) ことを忘れてはならない.

位相 (phase) が 2π [rad] だけ変化し, 三角関数の値がもとの値に戻るのに要する時間, すなわち $\omega T = 2\pi$ となる時間 T [s] を**周期** (period) と定義すると, これは

$$T = \frac{2\pi}{\omega} \tag{1.24}$$

で与えられる. また, 周期 T の逆数は, 2π の位相変化の単位時間当りの繰返し回数を表すことになるので, これを**周波数** (frequency) f [Hz] と呼び

$$f = \frac{1}{T} \tag{1.25}$$

と書く. したがって, 角周波数と周波数の間には次の関係式が成り立つ.

$$\omega = 2\pi f \tag{1.26}$$

ところで, 電圧, 電流が正弦波振動している場合には, **伝送電力** (transmitted power) も時間的に変化するので, これを周期 T にわたって平均したほうが便利である. そこで, 伝送電力の時間平均値 P [W] を, 複素電圧 V, 複素電流 I を用いて計算すると

$$P = \frac{1}{T}\int_0^T v(z,t)\,i(z,t)\,dt = \begin{cases} \mathrm{Re}\left[\dfrac{VI^*}{2}\right] & (|V|, |I| \text{ は波高値}) \\ \mathrm{Re}\left[VI^*\right] & (|V|, |I| \text{ は実効値}) \end{cases} \tag{1.27}$$

となる (問 2.3 の解答参照). ここに * は複素共役を意味し, 伝送電力の時間平均値は, $|V|$, $|I|$ が波高値のとき, $VI^*/2$ の実部で与えられ, $|V|$, $|I|$ が実効値のとき, VI^* の実部で与えられる. 本書では, 特に断らない限り, 複素電圧, 複素電流の大きさとして, 波高値を用いることにする. また, 複素電圧, 複素電流, 伝送電力の時間平均値を, 単に電圧, 電流, 伝送電力と呼ぶことも多く, 本書においても, こうした習慣に従うことにする.

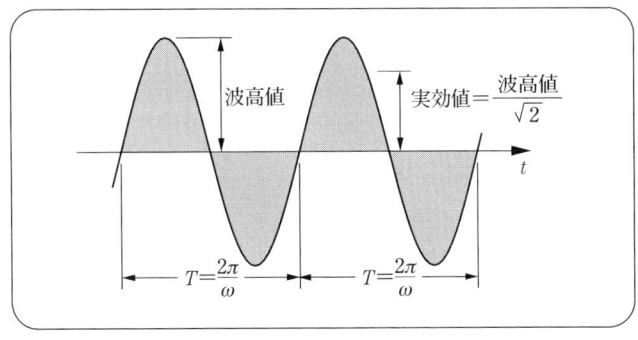

図 1.4　正弦波振動 (ある位置 z における時間波形)

1.5 ヘルムホルツ方程式

式 (1.22) の伝送線路方程式から電流 I, あるいは電圧 V を消去すると

$$\frac{d^2 V}{dz^2} - ZYV = 0 \tag{1.28a}$$

$$\frac{d^2 I}{dz^2} - ZYI = 0 \tag{1.28b}$$

が得られる．これらは**ヘルムホルツ方程式** (Helmholtz equation) と呼ばれ，その解は，例えば電圧 $V(z)$ であれば

$$V(z) = A\exp(-\gamma z) + B\exp(\gamma z) \tag{1.29}$$

と書ける．ここに A, B は伝送線路の**境界条件** (boundary condition) によって定まる位置 z に無関係な積分定数である．また，γ は**伝搬定数** (propagation constant) と呼ばれ

$$\gamma = \sqrt{ZY} = \sqrt{(R+j\omega L)(G+j\omega C)} = \alpha + j\beta \tag{1.30}$$

のような複素数である．伝搬定数の実部 α 〔Np/m〕, 虚部 β 〔rad/m〕はそれぞれ**減衰定数** (attenuation constant), **位相定数** (phase constant) と呼ばれる．

電流 $I(z)$ は，式 (1.29) を式 (1.22a) に代入して

$$I(z) = [A\exp(-\gamma z) - B\exp(\gamma z)]\frac{1}{Z_c} \tag{1.31}$$

と求められる．ここに Z_c は**特性インピーダンス** (characteristic impedance) と呼ばれ，式 (1.32) で与えられる．

$$Z_c = \sqrt{\frac{Z}{Y}}$$
$$= \sqrt{\frac{R + j\omega L}{G + j\omega C}}$$
$$= R_c + jX_c \tag{1.32}$$

特性インピーダンスも，一般的には複素数であり，その実部 R_c，虚部 X_c はそれぞれ**特性抵抗** (characteristic resistance)，**特性リアクタンス** (characteristic reactance) と呼ばれる．また，特性インピーダンスの逆数 Y_c は**特性アドミタンス** (characteristic admittance) と呼ばれ，次式で与えられる．

$$Y_c = \sqrt{\frac{Y}{Z}}$$
$$= \sqrt{\frac{G + j\omega C}{R + j\omega L}}$$
$$= G_c + jB_c \tag{1.33}$$

特性アドミタンスの実部 G_c，虚部 B_c はそれぞれ**特性コンダクタンス** (characteristic conductance)，**特性サセプタンス** (characteristic susceptance) と呼ばれる．

伝搬定数 γ，特性インピーダンス Z_c，特性アドミタンス Y_c は，伝送線路の一次定数である L, R, C, G と角周波数 ω (あるいは周波数 f) が与えられると定まる量であるので，伝送線路の**二次定数** (secondary constant) と呼ばれる．伝搬定数 γ，特性インピーダンス Z_c (あるいは特性アドミタンス Y_c)，長さ l の伝送線路は**図 1.5** のように表示される．

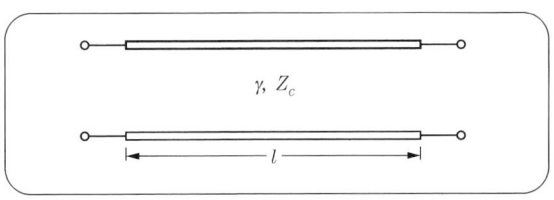

図 1.5　伝 送 線 路

1.6 入射波と反射波

伝送線路上の時間領域における電圧 v は，式 (1.21a) から

$$v(z,t) = \mathrm{Re}\left[V(z)\exp(j\omega t)\right] \qquad (1.34)$$

と書ける．これに式 (1.29) を代入し，式 (1.30) とオイラーの恒等式を用いると

$$v(z,t) = |A|\exp(-\alpha z)\cos(\omega t - \beta z + \phi_A) + |B|\exp(\alpha z)\cos(\omega t + \beta z + \phi_B) \qquad (1.35)$$

となる．ここに複素振幅 A の大きさを $|A|$，位相を ϕ_A として，$A = |A|\exp(j\phi_A)$ とおき，また同様に，複素振幅 B の大きさを $|B|$，位相を ϕ_B として，$B = |B|\exp(j\phi_B)$ とおいた．

まず，式 (1.35) の右辺の第 1 項について考え，$t = t_1, z = z_1$ における位相 $\omega t_1 - \beta z_1 + \phi_A$ と，$t = t_2 > t_1, z = z_2$ における位相 $\omega t_2 - \beta z_2 + \phi_A$ とが等しいとすると

$$\frac{\omega}{\beta} = \frac{z_2 - z_1}{t_2 - t_1} \qquad (1.36)$$

が得られる．この左辺は $\omega/\beta > 0$ であるから，$t_2 > t_1$ のとき，$z_2 > z_1$ となる．すなわち，$t = t_1$ における波形が，$\exp(-\alpha z)$ の減衰を伴いながら $+z$ 方向に移動したことになる．また，式 (1.36) は位相一定の状態の単位時間当りの空間移動量，すなわち速さを表しているので

$$v_p = \frac{\omega}{\beta} \qquad (1.37)$$

のように定義される速度 v_p を**位相速度** (phase velocity) という．

次に，式 (1.35) の右辺の第 2 項についても同様にして

$$\frac{\omega}{\beta} = -\frac{z_2 - z_1}{t_2 - t_1} \qquad (1.38)$$

が得られる．この左辺も $\omega/\beta > 0$ であるから，$t_2 > t_1$ のとき，$z_2 < z_1$ となる．すなわち，時間の経過とともに，$t = t_1$ における波形は，式 (1.37) の位相速度 v_p と同じ速度で $-z$ 方向に，$\exp(\alpha z)$ の減衰を伴いながら移動していることになる．

式 (1.35) から明らかなように，β は伝搬方向に単位長当りの位相変化量を表しており，このため β を位相定数と呼んでいる．位相が 2π [rad] だけ変化し，$\beta\lambda = 2\pi$ となる距離 λ [m] を**波長** (wavelength) というが，これは，式 (1.26), (1.37) を用いると

$$\lambda = \frac{2\pi}{\beta} = \frac{2\pi}{\omega} v_p = \frac{v_p}{f} \tag{1.39}$$

で与えられる．更に，電圧の振幅は (もちろん電流の振幅も) 伝搬方向に，すなわち $+z$ 方向伝搬，$-z$ 方向伝搬に対して，それぞれ $\exp(-\alpha z), \exp(\alpha z)$ のように減衰するので，α を減衰定数と呼んでいる．

このように，式 (1.35) の右辺の第 1 項，第 2 項はそれぞれ位相速度 v_p で，$+z, -z$ 方向に伝搬する波動を表しており，これらはそれぞれ 1.2 節で述べた前進波，後進波に対応する．伝送線路の場合には，図 **1.6** に示すように，その左端に電源を接続し，右端に負荷を接続して議論することが多い．このため，$+z$ 方向に伝搬する前進波は，負荷に向かって入射する波動という意味で，**入射波** (incident wave) と呼ばれ，$-z$ 方向に伝搬する後進波は，負荷によって反射される波動という意味で，**反射波** (reflected wave) と呼ばれる．また，伝送電力は，式 (1.29), (1.31) を式 (1.27) に代入して

$$P = \begin{cases} +\dfrac{1}{2}\mathrm{Re}[Z_c] \left|\dfrac{A}{Z_c}\right|^2 \exp(-2\alpha z) & \text{(入射波)} \\ -\dfrac{1}{2}\mathrm{Re}[Z_c] \left|\dfrac{B}{Z_c}\right|^2 \exp(2\alpha z) & \text{(反射波)} \end{cases} \tag{1.40}$$

と求められる．特性インピーダンス Z_c の実部 $\mathrm{Re}[Z_c]$，すなわち特性抵抗は $R_c > 0$ であるので，当然のことながら，入射波，反射波はそれぞれ $+z$ 方向，$-z$ 方向に電力を伝送しており，式 (1.40) の正，負の符号はこの電力の伝送方向に対応している．なお，入射波に対する $\exp(-2\alpha z)$，反射波に対する $\exp(2\alpha z)$ の項は，伝搬とともに伝送電力の一部が**ジュール損** (Joule loss) として失われていくことを意味している．

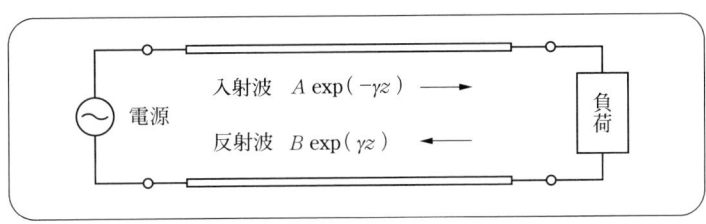

図 **1.6**　電源と負荷を接続した伝送線路

1.7 伝送線路の性質

伝送線路に損失がない $R = 0, G = 0$ の場合には，減衰定数 α, 位相定数 β, 位相速度 $v_p = \omega/\beta$, 特性インピーダンス $Z_c = R_c + jX_c$ は

$$\alpha = 0 \tag{1.41}$$

$$\beta = \omega\sqrt{LC} \tag{1.42}$$

$$v_p = \frac{1}{\sqrt{LC}} \tag{1.43}$$

$$R_c = \sqrt{\frac{L}{C}} = Z_c \tag{1.44}$$

$$X_c = 0 \tag{1.45}$$

となる．無損失であるので，位相速度 v_p, 特性インピーダンス Z_c はそれぞれ波動方程式の解を表すのに用いられた式 (1.7) の v_w, 式 (1.9) の Z_w と同じになっている．減衰がなく，位相速度 v_p, 特性インピーダンス Z_c に周波数依存性がない，すなわち周波数分散がないので，伝送線路として理想的である．

無損失ではないが，損失は十分小さく，$R \ll \omega L, G \ll \omega C$ として

$$\sqrt{(R+j\omega L)(G+j\omega C)} \fallingdotseq j\omega\sqrt{LC}\left[1 - j\frac{1}{2\omega}\left(\frac{R}{L} + \frac{G}{C}\right)\right] \tag{1.46}$$

$$\sqrt{\frac{R+j\omega L}{G+j\omega C}} \fallingdotseq \sqrt{\frac{L}{C}}\left[1 - j\frac{1}{2\omega}\left(\frac{R}{L} - \frac{G}{C}\right)\right] \tag{1.47}$$

と近似できる場合，すなわち $\sqrt{1+x} \fallingdotseq 1+x/2$, $1/\sqrt{1+x} \fallingdotseq 1-x/2$ が成り立つ場合には

$$\alpha = \frac{1}{2}\left(\sqrt{\frac{C}{L}}R + \sqrt{\frac{L}{C}}G\right) \tag{1.48}$$

$$\beta = \omega\sqrt{LC} \tag{1.49}$$

$$v_p = \frac{1}{\sqrt{LC}} \tag{1.50}$$

$$R_c = \sqrt{\frac{L}{C}} \tag{1.51}$$

$$X_c = -\frac{1}{2\omega}\sqrt{\frac{L}{C}}\left(\frac{R}{L}-\frac{G}{C}\right) \tag{1.52}$$

となる．減衰定数 α は 0 ではないが，位相定数 β，位相速度 v_p，特性抵抗 R_c については，無損失の場合と同じと考えてよい．

損失が，もう少し大きくなって

$$\sqrt{(R+j\omega L)(G+j\omega C)} \fallingdotseq j\omega\sqrt{LC}\left[1-j\frac{1}{2\omega}\left(\frac{R}{L}+\frac{G}{C}\right)+\frac{1}{8\omega^2}\left(\frac{R}{L}-\frac{G}{C}\right)^2\right] \tag{1.53}$$

$$\sqrt{\frac{R+j\omega L}{G+j\omega C}} \fallingdotseq \sqrt{\frac{L}{C}}\left[1-j\frac{1}{2\omega}\left(\frac{R}{L}-\frac{G}{C}\right)+\frac{1}{8\omega^2}\left(\frac{R}{L}-\frac{G}{C}\right)\left(\frac{R}{L}+\frac{3G}{C}\right)\right] \tag{1.54}$$

と近似する必要がある場合，すなわち $\sqrt{1+x}\fallingdotseq 1+x/2-x^2/8$，$1/\sqrt{1+x}\fallingdotseq 1-x/2+3x^2/8$ と近似する必要がある場合には

$$\alpha = \frac{1}{2}\left(\sqrt{\frac{C}{L}}R+\sqrt{\frac{L}{C}}G\right) \tag{1.55}$$

$$\beta = \omega\sqrt{LC}\left[1+\frac{1}{8\omega^2}\left(\frac{R}{L}-\frac{G}{C}\right)^2\right] \tag{1.56}$$

$$v_p = \frac{1}{\sqrt{LC}}\left[1+\frac{1}{8\omega^2}\left(\frac{R}{L}-\frac{G}{C}\right)^2\right]^{-1} \fallingdotseq \frac{1}{\sqrt{LC}}\left[1-\frac{1}{8\omega^2}\left(\frac{R}{L}-\frac{G}{C}\right)^2\right] \tag{1.57}$$

$$R_c = \sqrt{\frac{L}{C}}\left[1+\frac{1}{8\omega^2}\left(\frac{R}{L}-\frac{G}{C}\right)\left(\frac{R}{L}+\frac{3G}{C}\right)\right] \tag{1.58}$$

$$X_c = -\frac{1}{2\omega}\sqrt{\frac{L}{C}}\left(\frac{R}{L}-\frac{G}{C}\right) \tag{1.59}$$

となり，位相速度 v_p と特性インピーダンス Z_c が周波数分散をもつため，波形は伝搬するとともにひずんでしまう．ところが，一次定数の間に

$$\boxed{\frac{R}{L} = \frac{G}{C}} \tag{1.60}$$

という関係式が満たされると波形はひずまない．この式 (1.60) を**無ひずみ条件** (distortionless condition) という．

1.8 反射係数

位相定数 β, 特性インピーダンス Z_c の無損失伝送線路上の電圧 $V(z)$, 電流 $I(z)$ は，減衰定数を $\alpha = 0$ とおくと，式 (1.29), (1.31) から

$$V(z) = A\exp(-j\beta z) + B\exp(j\beta z) \tag{1.61a}$$

$$I(z) = [A\exp(-j\beta z) - B\exp(j\beta z)]\frac{1}{Z_c} \tag{1.61b}$$

で与えられる．式 (1.61a) の右辺の第 1 項，第 2 項はそれぞれ入射波，反射波に対応しているので，**電圧反射係数** (voltage reflection coefficient) $R(z)$ は

$$R(z) = \frac{B\exp(j\beta z)}{A\exp(-j\beta z)} = \frac{B}{A}\exp(j2\beta z) \tag{1.62}$$

と定義される．なお，電圧反射係数を，単に反射係数と呼ぶことも多い．反射係数 $R(z)$ を用いると，伝送線路上の電圧 $V(z)$, 電流 $I(z)$ は

$$V(z) = A\exp(-j\beta z)[1 + R(z)] \tag{1.63a}$$

$$I(z) = A\exp(-j\beta z)[1 - R(z)]\frac{1}{Z_c} \tag{1.63b}$$

と書ける．したがって，電流反射係数は $-R(z)$ で与えられることが分かる．

さて，伝送線路上の 2 点，$z = z_1, z = z_2 > z_1$ における反射係数 $R(z_1), R(z_2)$ は

$$R(z_1) = \frac{B}{A}\exp(j2\beta z_1) \tag{1.64a}$$

$$R(z_2) = \frac{B}{A}\exp(j2\beta z_2) \tag{1.64b}$$

と書けるので，2 点間の距離を $l = z_2 - z_1 > 0$ とすると

$$R(z_1) = R(z_2)\exp(-j2\beta l) \tag{1.65a}$$

$$R(z_2) = R(z_1)\exp(j2\beta l) \tag{1.65b}$$

が成り立つ．ここでは，無損失伝送線路を考えているので，観測点を移動させたとき，反射係数の大きさは変わらず，位相だけが変化する．すなわち，観測点が電源側に距離 l だけ移動したとき (式 (1.65a))，反射係数の位相は $2\beta l$ だけ遅れ，逆に，観測点が負荷側に距離 l

だけ移動したとき (式 (1.65b)),反射係数の位相は $2\beta l$ だけ進むことになる.

ここで,図 **1.7** に示すように,伝送線路の終端 $z = z_l$ に負荷インピーダンス Z_l を接続し,ここでの電圧,電流をそれぞれ V_l, I_l とおくと,積分定数 A, B は,式 (1.61) から

$$A = \frac{V_l + Z_c I_l}{2} \exp(j\beta z_l) \tag{1.66a}$$

$$B = \frac{V_l - Z_c I_l}{2} \exp(-j\beta z_l) \tag{1.66b}$$

と定められる.電圧 V_l,電流 I_l との間には

$$V_l = Z_l I_l \tag{1.67}$$

の関係式が成り立つので,$z = z_l$ における反射係数 R_l は

$$R_l = \frac{B}{A}\exp(j2\beta z_l) = \frac{Z_l - Z_c}{Z_l + Z_c} \tag{1.68}$$

と求められる (問 1.2 参照).また,伝送線路上の任意の位置 z における反射係数は,式 (1.62), (1.68) から

$$R(z) = R_l \exp[j2\beta(z - z_l)] \tag{1.69}$$

で与えられる.

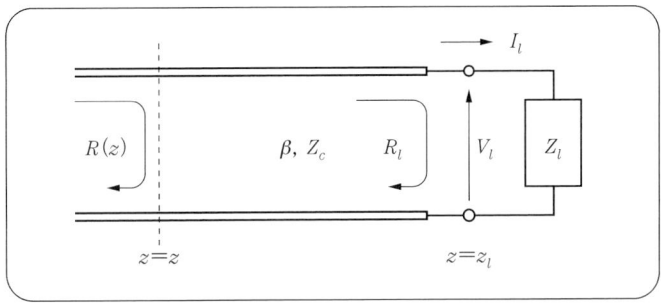

図 **1.7** 伝送線路への負荷インピーダンスの接続

1.9 定在波

伝送線路上に反射波が存在すると,入射波と反射波とが干渉 (4.1 節参照) して**定在波** (standing wave) が形成される.電圧,電流に対する定在波をそれぞれ電圧定在波,電流定在波と呼ぶが,いずれか一方が分かれば十分である.このため,電圧定在波を対象として,これを単に定在波と呼ぶことも多い.

いま,負荷端 $z = z_l$ における反射係数 R_l の大きさ,位相をそれぞれ $|R_l|$, ϕ_l として,$R_l = |R_l|\exp(j\phi_l)$ とおくと,伝送線路上の任意の位置 z における反射係数 $R(z)$ は,式 (1.69) から

$$R(z) = |R_l|\exp[j2\beta(z-z_l)+j\phi_l] \tag{1.70}$$

となる.その大きさ $|R(z)|$ は

$$|R(z)| = |R_l| \tag{1.71}$$

で与えられ,場所によらず一定となる.ここでは,無損失伝送線路を考えているので,これは当然の結果である.

さて,式 (1.70) を式 (1.63a) に代入すると,電圧 $V(z)$ は

$$V(z) = A\exp(-j\beta z)\{1+|R_l|\exp[j2\beta(z-z_l)+j\phi_l]\} \tag{1.72}$$

と書ける.電圧定在波分布は,オイラーの恒等式を用いると,この電圧の大きさとして

$$|V(z)| = |A|\sqrt{1+|R_l|^2+2|R_l|\cos[2\beta(z-z_l)+\phi_l]} \tag{1.73}$$

のように与えられる.

図 1.8 は,$0 < \phi_l < \pi$, $\pi < \phi_l < 2\pi$ の場合について,電圧定在波分布を概念的に示したものである (問 1.3 参照).電圧定在波は,波長 λ ではなく,その半分の $\lambda/2$ の周期で変化し,その最大点 $z = z_{max}$,最小点 $z = z_{min}$ は

$$2\beta(z_{max}-z_l)+\phi_l = 2m\pi \tag{1.74a}$$

$$2\beta(z_{min}-z_l)+\phi_l = (2m+1)\pi \tag{1.74b}$$

で与えられる.ここに m は整数である.また,$z = z_{max}$, $z = z_{min}$ における電圧定在波分布の最大値 $|V|_{max}$,最小値 $|V|_{min}$ は,式 (1.71), (1.73), (1.74) から

$$|V|_{max} = |A|(1+|R_l|) = |A|[1+|R(z)|] \tag{1.75a}$$

$$|V|_{min} = |A|(1-|R_l|) = |A|[1-|R(z)|] \tag{1.75b}$$

となる．電圧定在波の最大値と最小値との比 $\rho = |V|_{max}/|V|_{min}$ を**電圧定在波比** (voltage standing wave ratio: VSWR) と呼ぶ．これは，式 (1.75) から

$$\rho = \frac{|V|_{max}}{|V|_{min}} = \frac{1+|R_l|}{1-|R_l|} = \frac{1+|R(z)|}{1-|R(z)|} \tag{1.76}$$

と書ける (問 1.2 参照) ので，逆に，反射係数の大きさ $|R(z)| = |R_l|$ は，VSWR を用いて

$$|R(z)| = |R_l| = \frac{\rho-1}{\rho+1} \tag{1.77}$$

と書くこともできる．

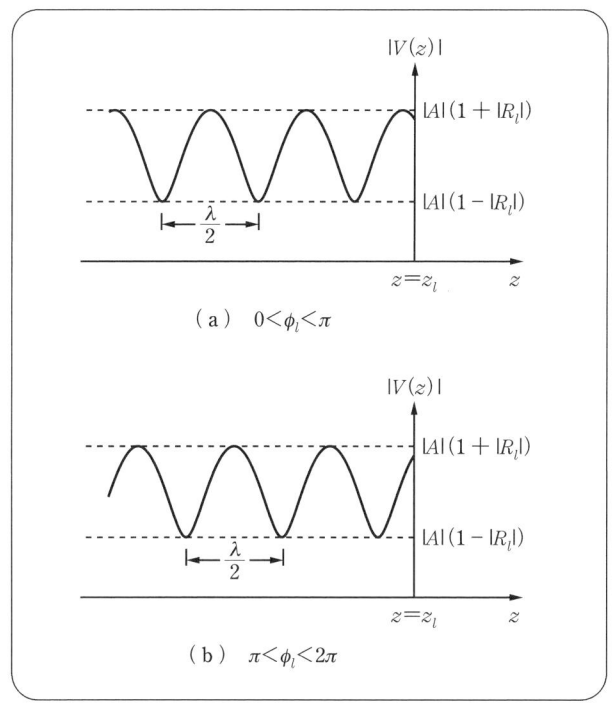

図 1.8　電圧定在波分布の概念

1.10 入力インピーダンス

伝送線路上の任意の位置 z から負荷側を見た**入力インピーダンス** (input impedance) $Z_{in}(z)$ は，ここでの電圧 $V(z)$ と電流 $I(z)$ との比として定義され，式 (1.63) から

$$Z_{in}(z) = \frac{V(z)}{I(z)} = Z_c \frac{1 + R(z)}{1 - R(z)} \tag{1.78}$$

で与えられる．このように，伝送線路上の任意の位置 z における入力インピーダンスは，反射係数を用いて一義的に定められ，逆に，反射係数は入力インピーダンスを用いて

$$R(z) = \frac{Z_{in}(z) - Z_c}{Z_{in}(z) + Z_c} \tag{1.79}$$

のように一義的に定められる．

さて，無限長の伝送線路の場合には，反射波が存在しない，すなわち $R(z) = 0$ であるので

$$Z_{in}(z) = Z_c \tag{1.80}$$

となり，入力インピーダンスは，伝送線路上のいたるところで特性インピーダンスと等しくなる．また，負荷インピーダンス Z_l が特性インピーダンス Z_c と等しく，すなわち

$$Z_l = Z_c \tag{1.81}$$

のような**インピーダンス整合条件** (impedance matching condition) が満たされると，式 (1.68) から，負荷端における反射係数が 0 となるので，この場合にも入力インピーダンスは特性インピーダンスと等しくなる．

ところで，反射波が存在すると，定在波が形成される．定在波最大点，最小点の位置における反射係数 $R(z)$ は，式 (1.70), (1.71), (1.74) から

$$R(z) = \begin{cases} |R_l| = |R(z)| & \text{(定在波最大点)} \\ -|R_l| = -|R(z)| & \text{(定在波最小点)} \end{cases} \tag{1.82}$$

となる．したがって，定在波最大点，最小点における入力インピーダンス Z_{in} は，式 (1.82) を式 (1.78) に代入し，式 (1.76) の VSWR を用いると

$$\frac{Z_{in}}{Z_c} = \begin{cases} \rho & (\text{定在波最大点}) \\ 1/\rho & (\text{定在波最小点}) \end{cases} \tag{1.83}$$

で与えられる (問 1.2 参照)．無損失伝送線路の特性インピーダンスは実数であるので，定在波最大点，最小点では，入力インピーダンスが純抵抗になることが分かる．

☕ 談 話 室 ☕

インピーダンスの測定 伝送線路の終端に未知インピーダンス Z_l を接続し，電圧定在波比 ρ と定在波最小点 $z = z_{min}$ の負荷端 $z = z_l$ からの距離 $d = z_l - z_{min}$ を測定すると，この未知インピーダンス Z_l を求めることができる．

定在波最小点における入力インピーダンスは，式 (1.83) から，$Z_{in} = Z_c/\rho$ で与えられるので，ここでの反射係数は，式 (1.79) から，$R(z_{min}) = (1-\rho)/(1+\rho)$ となる．負荷端における反射係数は，式 (1.69) から，$R_l = R(z_{min})\exp(j2\beta d)$ で与えられるので，これを式 (1.68) に代入すると，未知インピーダンス Z_l が

$$\frac{Z_l}{Z_c} = \frac{1+R_l}{1-R_l} = \frac{\cos\beta d - j\rho\sin\beta d}{\rho\cos\beta d - j\sin\beta d} \tag{1.84}$$

と求められる (問 1.4 参照)．

なお，こうしたインピーダンスの測定に，定在波最大点 $z = z_{max}$ を用いずに，最小点 $z = z_{min}$ を用いるのは，定在波の山 (最大点付近) に比べて，谷 (最小点付近) のほうが，より急峻なため (図 1.8，問 1.3 の解答中の図参照)，その位置を正確に決定できるからである．また，定在波最小点の間隔 (周期) は $\lambda/2$ である (定在波最大点の間隔も同じ) ので，ある定在波最小点 $z = z_{min}$ から，$-z$ 方向に m 番目の定在波最小点 $z = z_{min} - m\lambda/2$ を用いたとしても，ここから負荷端までの距離は $d_m = z_l - (z_{min} - m\lambda/2) = d + m\lambda/2 = d + m\pi/\beta$ となり，$\exp(j2\beta d_m) = \exp(j2\beta d)$ となるので，式 (1.84) と同じ結果が得られる．すなわち，負荷端に最も近い定在波最小点を用いる必要はなく，測定しやすい最小点を利用すればよい．

1.11 インピーダンス変換

位相定数 β, 特性インピーダンス Z_c, 長さ l の伝送線路は一種のインピーダンス変換器とみなすことができる.

いま，図 1.9 に示すような伝送線路を考え，$z = z_1$ から右側を見たインピーダンスを $Z(z_1) \equiv Z_1$ とし，$z = z_2 > z_1$ から右側を見たインピーダンスを $Z(z_2) \equiv Z_2$ とする．この伝送線路の出力端 $z = z_2$ における反射係数 $R(z_2)$ が，式 (1.79) から

$$R(z_2) = \frac{Z_2 - Z_c}{Z_2 + Z_c} \tag{1.85}$$

で与えられることに注意すると，入力端 $z = z_1$ における反射係数 $R(z_1)$ は，式 (1.65a) から

$$R(z_1) = \frac{Z_2 - Z_c}{Z_2 + Z_c} \exp(-j2\beta l) \tag{1.86}$$

と書けることになる．これを式 (1.78) に代入し，オイラーの恒等式を用いると，入力端から右側を見たインピーダンス Z_1 は

$$Z_1 = Z_c \frac{Z_2 \cos\beta l + jZ_c \sin\beta l}{Z_c \cos\beta l + jZ_2 \sin\beta l} = Z_c \frac{Z_2 + jZ_c \tan\beta l}{Z_c + jZ_2 \tan\beta l} \tag{1.87}$$

となる (問 1.5 参照)．これは，伝送線路がインピーダンス Z_2 をインピーダンス Z_1 に変換する作用をもっていることを意味している．

次に，具体例をいくつか示しておく.

① **半波長線路**　線路長が半波長，すなわち $l = \lambda/2$ のとき，$\beta l = 2\pi l/\lambda = \pi$ であるので

$$Z_1 = Z_2 \tag{1.88}$$

となり，インピーダンスは Z_2 のままで変換されない.

② **四分の一波長線路**　線路長が四分の一波長，すなわち $l = \lambda/4$ のとき，$\beta l = 2\pi l/\lambda = \pi/2$ であるので

$$Z_1 = \frac{Z_c^2}{Z_2} \tag{1.89}$$

となる．これは，インピーダンスが**反転** (inversion) されることを意味する．

③ **整合負荷終端線路**　伝送線路の終端に特性インピーダンスと等しい負荷インピーダンスを接続したとき，$Z_2 = Z_c$ であるので，線路長によらず

$$Z_1 = Z_c \tag{1.90}$$

となる．

④ **短絡終端線路**　伝送線路の終端を短絡したとき，$Z_2 = 0$ であるので

$$Z_1 = jZ_c \tan \beta l \tag{1.91}$$

となる．無損失伝送線路では，特性インピーダンス Z_c は実数，すなわち純抵抗であるので，長さ l の短絡終端線路は純リアクタンスに変換される．線路長 l によって，その性質は異なり，$0 < l < \lambda/4$ のとき，誘導性，$\lambda/4 < l < \lambda/2$ のとき，容量性となる．なお，こうした変化は半波長ごとに繰り返される．

⑤ **開放終端線路**　伝送線路の終端を開放したとき，$Z_2 = \infty$ であるので

$$Z_1 = -jZ_c \cot \beta l \tag{1.92}$$

となり，短絡終端線路の場合と同様に，純リアクタンスに変換される．ただし，$0 < l < \lambda/4$ のとき，容量性，$\lambda/4 < l < \lambda/2$ のとき，誘導性となり，こうした変化は半波長ごとに繰り返される．

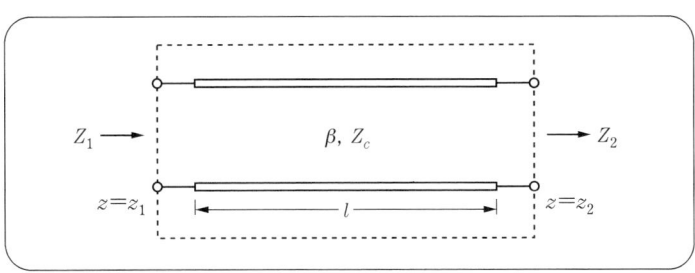

図 1.9　インピーダンス変換（Z_2 を Z_1 に変換）

1.12 群速度

本章では，伝送線路上の電圧，電流が波動として伝搬することを述べたが，こうした波動は信号を送るための**搬送波** (carrier) として用いられる．このとき，信号そのものが伝わる速さは，式 (1.37) の位相速度 v_p によってではなく

$$v_g = \left(\frac{d\beta}{d\omega}\right)^{-1} \tag{1.93}$$

のように定義される**群速度** (group velocity) によって与えられる．

位相定数 β が周波数 ω の 1 次関数で与えられる式 (1.42), (1.49) のような位相定数をもつ伝送線路では $d\beta/d\omega = \sqrt{LC}$ となるので，$v_g = (d\beta/d\omega)^{-1} = 1/\sqrt{LC}$，$v_p = \omega/\beta = 1/\sqrt{LC}$ となり，群速度 v_g と位相速度 v_p とは等しくなる．このような伝送線路を非分散性伝送線路といい，これ以外の，例えば式 (1.56) の位相定数をもつ伝送線路を分散性伝送線路という．

群速度 v_g が式 (1.93) で与えられることを示すために，角周波数 ω_0 の搬送波 $\exp(j\omega_0 t)$ を考え，この搬送波の振幅を信号 $a(t)$ で変調した振幅変調波 $f_i(t) = a(t)\exp(j\omega_0 t)$ を，**図 1.10** に示すような伝送線路に入力する．距離 l 伝搬後の出力波形を時間領域で直接求めるのは難しいので，ここでは**フーリエ変換** (Fourier transform) を利用することにする．

信号 $a(t)$ のフーリエ変換を

$$A(\omega) = \int_{-\infty}^{\infty} a(t)\exp(-j\omega t)\,dt \tag{1.94}$$

とすると，入力信号の振幅変調波形 $f_i(t)$ のフーリエ変換，すなわち入力信号スペクトル $F_i(\omega)$ は

$$F_i(\omega) = \int_{-\infty}^{\infty} [a(t)\exp(j\omega_0 t)]\exp(-j\omega t)\,dt = A(\omega - \omega_0) \tag{1.95}$$

となる．この信号が位相定数 β の伝送線路を距離 l だけ伝搬するので，出力信号スペクトル $F_0(\omega)$ は，入力信号スペクトル $F_i(\omega)$ と伝達関数 $\exp(-j\beta l)$ との積として

$$F_0(\omega) = F_i(\omega)\exp(-j\beta l) = A(\omega - \omega_0)\exp(-j\beta l) \tag{1.96}$$

で与えられる．これを逆フーリエ変換すると，時間領域における出力信号 $f_0(t)$ は

1.12 群速度

$$f_0(t) = \frac{1}{2\pi} \int_{-\infty}^{\infty} [A(\omega - \omega_0) \exp(-j\beta l)] \exp(j\omega t) \, d\omega \tag{1.97}$$

と求められる．

いま，位相定数 β が角周波数 ω の1次関数として，例えば $\beta = \omega\sqrt{LC}$ のように与えられる伝送線路を考えると，位相速度は $v_p = \omega/\beta = 1/\sqrt{LC}$ (一定) となるので，出力信号は

$$\begin{aligned}f_0(t) &= \frac{1}{2\pi} \exp[j\omega_0(t - l/v_p)] \int_{-\infty}^{\infty} A(\omega - \omega_0) \exp[j(\omega - \omega_0)(t - l/v_p)] \, d\omega \\ &= a(t - l/v_p) \exp[j\omega_0(t - l/v_p)]\end{aligned} \tag{1.98}$$

と書ける．このとき，搬送波，信号とも l/v_p だけの時間をかけて送られたことになるので，信号 $a(t)$ の伝わる速さは搬送波の伝わる速さ v_p と同じである．ところが，β が ω の1次関数ではない一般的な伝送線路の場合には，β を ω_0 の周りでテイラー展開して

$$\beta \fallingdotseq \beta(\omega_0) + (\omega - \omega_0) \left.\frac{d\beta}{d\omega}\right|_{\omega=\omega_0} \equiv \beta_0 + (\omega - \omega_0)\beta_0' \tag{1.99}$$

とすると，時間領域における出力信号は

$$\begin{aligned}f_0(t) &= \frac{1}{2\pi} \int_{-\infty}^{\infty} A(\omega - \omega_0) \exp[-j\beta_0 l - j(\omega - \omega_0)\beta_0' l] \exp(j\omega t) \, d\omega \\ &= \frac{1}{2\pi} \exp[j(\omega_0 t - \beta_0 l)] \int_{-\infty}^{\infty} A(\omega - \omega_0) \exp[j(\omega - \omega_0)(t - \beta_0' l)] \, d\omega \\ &= a(t - \beta_0' l) \exp\left[j\omega_0 \left(t - \frac{l}{\omega_0/\beta_0}\right)\right]\end{aligned} \tag{1.100}$$

と書ける．ここに β_0' は $d\beta/d\omega$ の $\omega = \omega_0$ における値である．したがって，搬送波の時間遅れ $l/(\omega_0/\beta_0)$ と信号の時間遅れ $l/(1/\beta_0')$ とは異なる．すなわち，搬送波は $v_p = \omega_0/\beta_0$ の速度で伝わるが，信号は $v_g = 1/\beta_0'$ の速度で伝わることになるので，式 (1.93) が得られる．

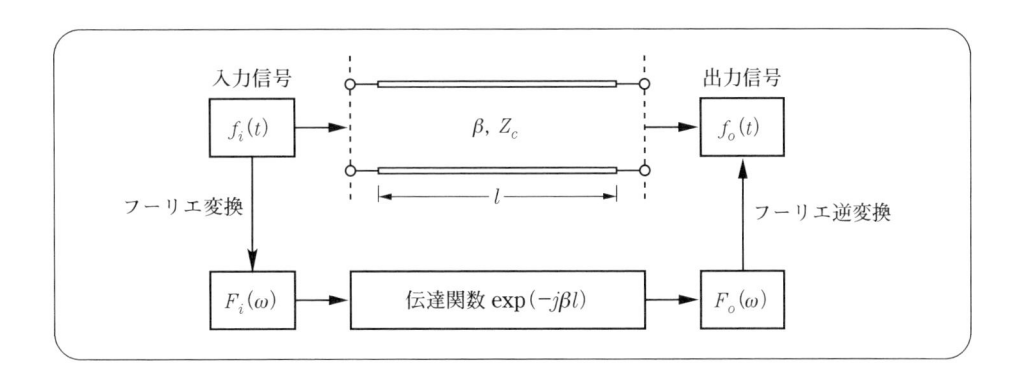

図 1.10 伝送線路による信号伝送

本章のまとめ

❶ **一次定数** 分布定数回路の単位長当りの直列インダクタンス，直列抵抗，並列容量，並列コンダクタンスの総称．

❷ **ダランベールの解** 互いに反対方向に伝搬する進行波と後進波を表す波動方程式の二つの独立な解．

❸ **二次定数** 一次定数から算出される伝搬定数，特性インピーダンス，特性アドミタンスの総称．

❹ **位相速度** 位相一定の状態が伝わる速さ．

❺ **無ひずみ条件** 一次定数の間に成り立つ波形がひずまないための条件．

❻ **反射係数** 反射波振幅と入射波振幅との比．

❼ **定在波** 入射波 (前進波) と反射波 (後進波) との干渉によって生じる，見掛け上進行しない波．

❽ **電圧定在波比** 電圧定在波の最大値と最小値との比．

❾ **入力インピーダンス** 伝送線路上の任意の位置から負荷側を見たインピーダンス．

❿ **群速度** 信号 (エネルギー) が伝わる速さ．

●理解度の確認●

問 1.1 式 (1.1) を導け．

問 1.2 伝送線路の特性インピーダンスで規格化した正規化負荷インピーダンスが $Z_l/Z_c = 1$ (整合負荷), 0 (短絡終端), ∞ (開放終端), jx (リアクタンス負荷), $2, 1/2$ であるときの負荷端における反射係数 R_l，その大きさ $|R_l|$，電圧定在波比 ρ，電圧定在波の最大点，最小点における正規化入力インピーダンス $Z_{max}/Z_c, Z_{min}/Z_c$ を求めよ．

問 1.3 負荷端における反射係数 R_l の大きさを $|R_l| = 1$ とし，位相を $\phi_l = 0$ (開放終端線路), $\pi/2, \pi$ (短絡終端線路), $3\pi/2$ としたときの電圧定在波分布を示せ．

問 1.4 式 (1.84) を導け．

問 1.5 図 1.9 に示した無損失伝送線路の入力端における電圧 V_1，電流 I_1 を，出力端における電圧 V_2，電流 I_2 を用いて表せ．また，この関係式を用いると，式 (1.87) がただちに導かれることを確かめよ．

2 光・電磁波の基礎

　光波や電波は電磁波であり，その伝搬特性はマクスウェルの方程式によって表される．

　本章では，マクスウェルの方程式，構成方程式，境界条件など，電磁波の取扱いに最低限必要な基礎事項を簡単に復習し，マクスウェルの方程式から波動方程式やヘルムホルツ方程式を導き，基本的な波動形態である平面波とガウスビームについて学習する．更に，グリーン関数やフロケの定理を紹介し，波動の回折や伝送を取り扱うための準備を行う．

2.1 マクスウェルの方程式

光波 (light wave) や電波 (radio waves) は電磁波 (electromagnetic wave) と呼ばれる波動の一種であり，その伝搬特性を記述するマクスウェルの方程式 (Maxwell's equations) は

$$\nabla \times \boldsymbol{E} = -\frac{\partial \boldsymbol{B}}{\partial t} \tag{2.1}$$

$$\nabla \times \boldsymbol{H} = \frac{\partial \boldsymbol{D}}{\partial t} + \boldsymbol{J} \tag{2.2}$$

$$\nabla \cdot \boldsymbol{D} = \rho \tag{2.3}$$

$$\nabla \cdot \boldsymbol{B} = 0 \tag{2.4}$$

で与えられる．ここに $\boldsymbol{E}$ [V/m], $\boldsymbol{H}$ [A/m], $\boldsymbol{D}$ [C/m^2], $\boldsymbol{B}$ [T], $\boldsymbol{J}$ [A/m^2] はそれぞれ電界 (electric field), 磁界 (magnetic field), 電束密度 (electric flux density), 磁束密度 (magnetic flux density), 電流密度 (electric current density) であり，いずれもベクトル (vector) 量である．こうしたベクトル量は空間座標 x, y, z と時間 t の関数，すなわちベクトル関数になっている．したがって，例えば電界 $\boldsymbol{E}$ は，その x, y, z 成分である $E_x(x,y,z,t)$, $E_y(x,y,z,t)$, $E_z(x,y,z,t)$ を用いて

$$\boldsymbol{E}(x,y,z,t) = E_x(x,y,z,t)\boldsymbol{i}_x + E_y(x,y,z,t)\boldsymbol{i}_y + E_z(x,y,z,t)\boldsymbol{i}_z \tag{2.5}$$

と書く．あるいは簡略化して

$$\boldsymbol{E} = E_x \boldsymbol{i}_x + E_y \boldsymbol{i}_y + E_z \boldsymbol{i}_z \tag{2.6}$$

と書くことも多い．ここに $\boldsymbol{i}_x, \boldsymbol{i}_y, \boldsymbol{i}_z$ はそれぞれ x, y, z 方向の単位ベクトル (unit vector) である．また，ρ [C/m^3] は電荷密度 (electric charge density) であり，スカラ (scalar) 量である．ただし，これも一般的には空間座標と時間の関数であるスカラ関数であるので，正確には $\rho(x,y,z,t)$ と書く．当然のことながら，電界の x, y, z 成分である E_x, E_y, E_z も，

それぞれがスカラ関数である．

さて，∇×，∇· はそれぞれベクトル関数の**回転** (rotation), **発散** (divergence) を表す微分演算子である．このため，$\nabla \times \boldsymbol{E}, \nabla \times \boldsymbol{H}$ を rot$\boldsymbol{E}$, rot$\boldsymbol{H}$ と書き，$\nabla \cdot \boldsymbol{E}, \nabla \cdot \boldsymbol{H}$ を div$\boldsymbol{E}$, div$\boldsymbol{H}$ と書くこともある．また，∇ は**ナブラ演算子** (nabla) と呼ばれ，直角座標系を用いると

$$\nabla = \frac{\partial}{\partial x}\boldsymbol{i}_x + \frac{\partial}{\partial y}\boldsymbol{i}_y + \frac{\partial}{\partial z}\boldsymbol{i}_z \tag{2.7}$$

と書ける．ナブラは，逆三角形のヘブライの竪琴の名に由来している．

ベクトル関数の回転，発散は，ベクトル関数にナブラ演算子を，それぞれ**ベクトル積** (vector product), **スカラ積** (scalar product) の形で作用させたものとみなすことができるので，結果はそれぞれベクトル関数，スカラ関数となる．実際，式 (2.1)～(2.4) の左辺を具体的に書くと

$$\nabla \times \boldsymbol{E} = \mathrm{rot}\boldsymbol{E}$$
$$= \left(\frac{\partial E_z}{\partial y} - \frac{\partial E_y}{\partial z}\right)\boldsymbol{i}_x + \left(\frac{\partial E_x}{\partial z} - \frac{\partial E_z}{\partial x}\right)\boldsymbol{i}_y + \left(\frac{\partial E_y}{\partial x} - \frac{\partial E_x}{\partial y}\right)\boldsymbol{i}_z \tag{2.8}$$

$$\nabla \times \boldsymbol{H} = \mathrm{rot}\boldsymbol{H}$$
$$= \left(\frac{\partial H_z}{\partial y} - \frac{\partial H_y}{\partial z}\right)\boldsymbol{i}_x + \left(\frac{\partial H_x}{\partial z} - \frac{\partial H_z}{\partial x}\right)\boldsymbol{i}_y + \left(\frac{\partial H_y}{\partial x} - \frac{\partial H_x}{\partial y}\right)\boldsymbol{i}_z \tag{2.9}$$

$$\nabla \cdot \boldsymbol{D} = \mathrm{div}\boldsymbol{D} = \frac{\partial D_x}{\partial x} + \frac{\partial D_y}{\partial y} + \frac{\partial D_z}{\partial z} \tag{2.10}$$

$$\nabla \cdot \boldsymbol{B} = \mathrm{div}\boldsymbol{B} = \frac{\partial B_x}{\partial x} + \frac{\partial B_y}{\partial y} + \frac{\partial B_z}{\partial z} \tag{2.11}$$

となり，$\nabla \times \boldsymbol{E}, \nabla \times \boldsymbol{H}$ がベクトル関数になっていること，また $\nabla \cdot \boldsymbol{D}, \nabla \cdot \boldsymbol{B}$ がスカラ関数になっていることが分かる．なお，ベクトル積，スカラ積はそれぞれ**外積** (outer product), **内積** (inner product) とも呼ばれる．

スカラ関数 ϕ にナブラ演算子を単純に積の形で作用させた $\nabla \phi$ は，スカラ関数の**こう配** (gradient) と呼ばれ，gradϕ とも書く．スカラ関数のこう配はベクトル関数になり，具体的には次式のように書ける．

$$\nabla \phi = \mathrm{grad}\phi = \frac{\partial \phi}{\partial x}\boldsymbol{i}_x + \frac{\partial \phi}{\partial y}\boldsymbol{i}_y + \frac{\partial \phi}{\partial z}\boldsymbol{i}_z \tag{2.12}$$

2.2 構成関係式

マクスウェルの方程式は，物質の有無によらず，同じ形で書くことができ，物質の情報はすべて**構成関係式** (constitutive relation) の中に含まれている．等方性の媒質に対する構成関係式は

$$D = \varepsilon E \tag{2.13}$$

$$B = \mu H \tag{2.14}$$

$$J = J_0 + \sigma E \tag{2.15}$$

で与えられる．ここに ε [F/m] は**誘電率** (permittivity)，μ [H/m] は**透磁率** (permeability)，σ [S/m] は**導電率** (conductivity) であり，J_0 [A/m^2] は何らかの方法で外部から加えられた電磁界の源 (波源) となる電流である．

さて，物質の性質は一般に次のように大別される．

① **等方性媒質と異方性媒質**　誘電率，透磁率，導電率の値が方向依存性をもたない物質を等方性媒質 (isotropic medium) といい，これ以外のものを異方性媒質 (anisotropic medium) という．

② **均質媒質と不均質媒質**　誘電率，透磁率，導電率の値が場所に関係なく一定の物質を均質媒質 (homogeneous medium) といい，これ以外のものを不均質媒質 (inhomogeneous medium) という．

③ **分散性媒質と非分散性媒質**　誘電率，透磁率，導電率の値が周波数によって異なる物質を分散性媒質 (dispersive medium) といい，これ以外のものを非分散性媒質 (nondispersive medium) という．

④ **線形媒質と非線形媒質**　D と E，B と H，J と E の間に比例関係が成り立つ媒質を線形媒質 (linear medium) といい，これ以外のものを非線形媒質 (nonlinear medium) という．非線形媒質では，誘電率，透磁率，導電率が E や H の関数になる．

本書では，波動解析の基礎を学ぶことを目的としているので，物質としては，最も簡単な，等方性で均質，更には分散性のない線形なものを取り扱う．

マクスウェルの方程式の全体像を図 **2.1** に示す．マクスウェルは**クーロンの法則** (Coulomb's law)，**アンペアの法則** (Ampere's law)，**ファラデーの法則** (Faraday's law) という三つ

の実験則に**変位電流** (displacement current) の概念を加え,電磁気現象に関する統一的な理論体系をまとめあげた.図 2.1 では,クーロンの法則の代わりに**ガウスの法則** (Gauss's law) が用いられているが,内容的にはクーロンの法則と全く等価なものであり,三つの実験則が基本になっていることに変わりはない.また,磁束密度の源としての**磁荷** (magnetic charge), いわゆる**磁気単極** (magnetic monopole) は存在しないという磁気単極の非実在性もガウスの法則と同じ形で書ける.更に,マクスウェルの方程式から**電荷の保存則** (principle of conservation of charge) が自動的に導かれる (問 2.1 参照).

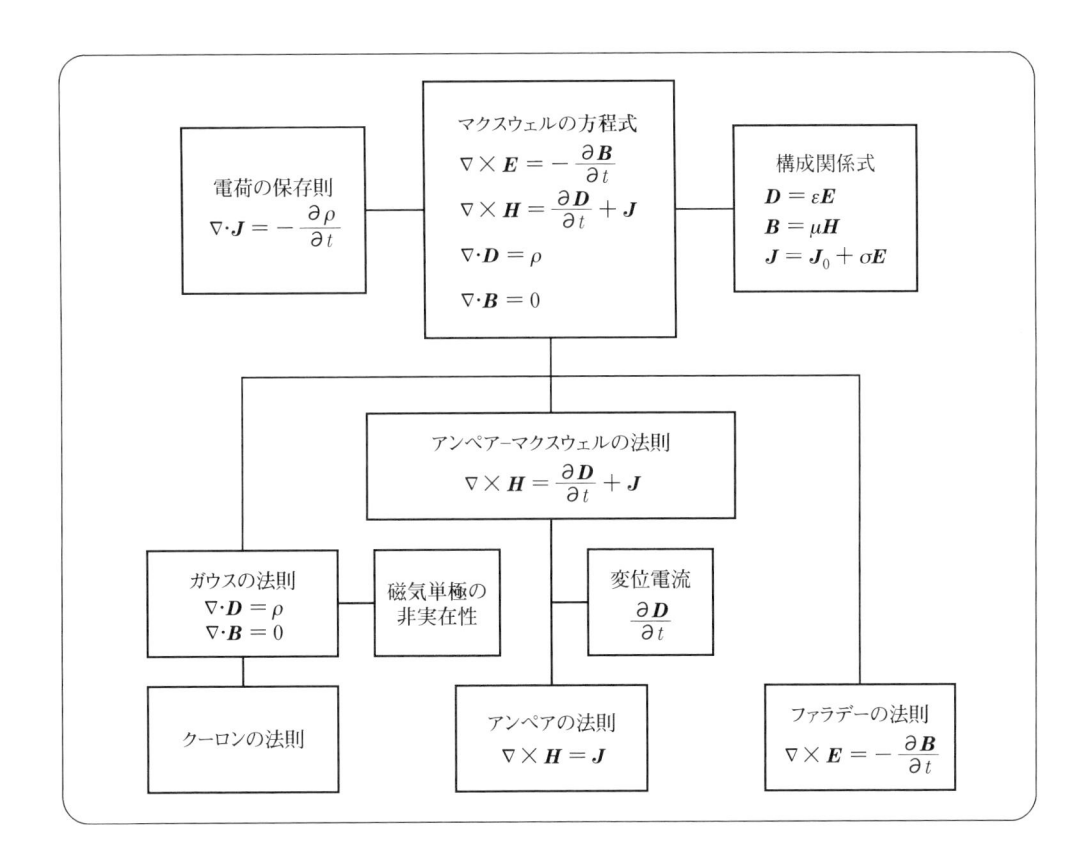

図 2.1 マクスウェルの方程式の全体像

2.3 ベクトル波動方程式

等方性で均質,更に分散性のない線形な媒質を考え,式 (2.13)~(2.15) の構成関係式を用いると,マクスウェルの方程式は

$$\nabla \times \boldsymbol{E} = -\mu \frac{\partial \boldsymbol{H}}{\partial t} \tag{2.16}$$

$$\nabla \times \boldsymbol{H} = \varepsilon \frac{\partial \boldsymbol{E}}{\partial t} + \sigma \boldsymbol{E} + \boldsymbol{J}_0 \tag{2.17}$$

$$\varepsilon \nabla \cdot \boldsymbol{E} = \rho \tag{2.18}$$

$$\nabla \cdot \boldsymbol{H} = 0 \tag{2.19}$$

と書ける.ここで,式 (2.16) の回転をとり,式 (2.17) を代入し,磁界 $\boldsymbol{H}$ を消去すると

$$\nabla \times \nabla \times \boldsymbol{E} = -\varepsilon \mu \frac{\partial^2 \boldsymbol{E}}{\partial t^2} - \mu \sigma \frac{\partial \boldsymbol{E}}{\partial t} - \mu \frac{\partial \boldsymbol{J}_0}{\partial t} \tag{2.20}$$

となる.この式の左辺にベクトル公式

$$\nabla \times \nabla \times \boldsymbol{E} = \nabla(\nabla \cdot \boldsymbol{E}) - \nabla^2 \boldsymbol{E} \tag{2.21}$$

を用いて,更に式 (2.18) を代入すると

$$\nabla^2 \boldsymbol{E} - \varepsilon \mu \frac{\partial^2 \boldsymbol{E}}{\partial t^2} - \mu \sigma \frac{\partial \boldsymbol{E}}{\partial t} = \mu \frac{\partial \boldsymbol{J}_0}{\partial t} + \frac{1}{\varepsilon} \nabla \rho \tag{2.22}$$

が得られる.同様にして,マクスウェルの方程式から電界 $\boldsymbol{E}$ を消去すると

$$\nabla^2 \boldsymbol{H} - \varepsilon \mu \frac{\partial^2 \boldsymbol{H}}{\partial t^2} - \mu \sigma \frac{\partial \boldsymbol{H}}{\partial t} = -\nabla \times \boldsymbol{J}_0 \tag{2.23}$$

が得られる.

式 (2.22), (2.23) は,電界,磁界が満たす最も一般的な微分方程式であるが,非導電性媒質 ($\sigma = 0$) の場合には

$$\nabla^2 \boldsymbol{E} - \varepsilon \mu \frac{\partial^2 \boldsymbol{E}}{\partial t^2} = \mu \frac{\partial \boldsymbol{J}_0}{\partial t} + \frac{1}{\varepsilon} \nabla \rho \tag{2.24}$$

$$\nabla^2 \boldsymbol{H} - \varepsilon \mu \frac{\partial^2 \boldsymbol{H}}{\partial t^2} = -\nabla \times \boldsymbol{J}_0 \tag{2.25}$$

となり,更に波源がない場合 ($\boldsymbol{J}_0 = 0, \rho = 0$) には

$$\nabla^2 \boldsymbol{E} - \varepsilon\mu \frac{\partial^2 \boldsymbol{E}}{\partial t^2} = 0 \tag{2.26}$$

$$\nabla^2 \boldsymbol{H} - \varepsilon\mu \frac{\partial^2 \boldsymbol{H}}{\partial t^2} = 0 \tag{2.27}$$

となる．式 (2.24), (2.25) は**非同次ベクトル波動方程式** (inhomogeneous vector wave equation) と呼ばれ，波源のない式 (2.26), (2.27) は**同次ベクトル波動方程式** (homogeneous vector wave equation)，あるいは単に**ベクトル波動方程式** (vector wave equation) と呼ばれる．このベクトル波動方程式を，電界成分 E_x, E_y, E_z, 磁界成分 H_x, H_y, H_z を用いて書くと

$$\nabla^2 E_x - \varepsilon\mu \frac{\partial^2 E_x}{\partial t^2} = 0 \tag{2.28a}$$

$$\nabla^2 E_y - \varepsilon\mu \frac{\partial^2 E_y}{\partial t^2} = 0 \tag{2.28b}$$

$$\nabla^2 E_z - \varepsilon\mu \frac{\partial^2 E_z}{\partial t^2} = 0 \tag{2.28c}$$

$$\nabla^2 H_x - \varepsilon\mu \frac{\partial^2 H_x}{\partial t^2} = 0 \tag{2.29a}$$

$$\nabla^2 H_y - \varepsilon\mu \frac{\partial^2 H_y}{\partial t^2} = 0 \tag{2.29b}$$

$$\nabla^2 H_z - \varepsilon\mu \frac{\partial^2 H_z}{\partial t^2} = 0 \tag{2.29c}$$

となり，いずれも分布定数回路の波動方程式である式 (1.5) と形式的に一致している．これらはそれぞれスカラ関数 $E_x, E_y, E_z, H_x, H_y, H_z$ に関する波動方程式であるので，ベクトル波動方程式と区別する意味で**スカラ波動方程式** (scalar wave equation) と呼ぶこともある．ここに ∇^2 は**ラプラス演算子** (Laplacian) であり，具体的には

$$\nabla^2 = \frac{\partial^2}{\partial x^2} + \frac{\partial^2}{\partial y^2} + \frac{\partial^2}{\partial z^2} \tag{2.30}$$

と書ける．なお，このラプラス演算子はラプラシアンともいい，式 (2.28), (2.29) のように，スカラ関数に作用する演算子として定義されている．このため，式 (2.26), (2.27) のように，ベクトル関数 $\boldsymbol{E}, \boldsymbol{H}$ に作用させて，$\nabla^2 \boldsymbol{E}, \nabla^2 \boldsymbol{H}$ のように書くのは，あくまでも便宜的なものである．むしろ，$\nabla^2 \boldsymbol{E}$ などは，式 (2.21) から，$\nabla^2 \boldsymbol{E} = \nabla(\nabla \cdot \boldsymbol{E}) - \nabla \times \nabla \times \boldsymbol{E}$ のように定義されると考えたほうがよい．

2.4 電磁ポテンシャル

磁束密度 $\boldsymbol{B}$ の発散は 0, すなわち $\nabla\cdot\boldsymbol{B}=0$ であるので, ベクトル公式

$$\nabla\cdot(\nabla\times\boldsymbol{A})=0 \tag{2.31}$$

を用いると, 磁束密度 $\boldsymbol{B}$ は, **ベクトルポテンシャル** (vector potential) $\boldsymbol{A}$ を導入して

$$\boldsymbol{B}=\nabla\times\boldsymbol{A} \tag{2.32}$$

と書ける. このことに注意し, 式 (2.14) を用いると, 磁界 $\boldsymbol{H}$ は

$$\boldsymbol{H}=\frac{1}{\mu}\nabla\times\boldsymbol{A} \tag{2.33}$$

と書ける. 式 (2.33) は式 (2.19) を満たしているので, これを式 (2.16) に代入し, ベクトル公式

$$\nabla\times(\nabla\phi)=0 \tag{2.34}$$

を用いると, 電界 $\boldsymbol{E}$ は, **スカラポテンシャル** (scalar potential) ϕ を導入して

$$\boldsymbol{E}=-\frac{\partial\boldsymbol{A}}{\partial t}-\nabla\phi \tag{2.35}$$

と書けることになる. ベクトルポテンシャルとスカラポテンシャルをまとめて**電磁ポテンシャル** (electromagnetic potential) という. 時間変化がない場合 $(\partial/\partial t=0)$, すなわち, 静電界の場合には, 式 (2.35) は $\boldsymbol{E}=-\nabla\phi$ となり, ϕ は, いわゆる**電位** (electric potential) そのものになる.

電磁ポテンシャルが求められると, すべての電磁界が得られるが, これがマクスウェルの方程式の解であるためには, 電磁ポテンシャルが, 更に式 (2.17), (2.18) を満たさなければならない. そこでまず, 式 (2.33), (2.35) を式 (2.17) に代入し, 式 (2.21) と同様のベクトル公式を用いると

$$\nabla^2\boldsymbol{A}-\varepsilon\mu\frac{\partial^2\boldsymbol{A}}{\partial t^2}-\mu\sigma\frac{\partial\boldsymbol{A}}{\partial t}-\nabla\left(\nabla\cdot\boldsymbol{A}+\varepsilon\mu\frac{\partial\phi}{\partial t}+\mu\sigma\phi\right)=-\mu\boldsymbol{J}_0 \tag{2.36}$$

が得られる. 次に, 式 (2.35) を式 (2.18) に代入すると

$$\nabla^2\phi+\frac{\partial}{\partial t}(\nabla\cdot\boldsymbol{A})=-\frac{\rho}{\varepsilon} \tag{2.37}$$

が得られる．ベクトルポテンシャル $\boldsymbol{A}$ には任意性があるので，これを取り除くための条件，すなわち**ゲージ** (gauge) が必要になる．電磁界が時間的に変化する場合には

$$\nabla \cdot \boldsymbol{A} + \varepsilon\mu\frac{\partial \phi}{\partial t} + \mu\sigma\phi = 0 \tag{2.38}$$

のような条件がよく利用され，これを**ローレンツゲージ** (Lorentz gauge) という (問 2.2 参照)．非導電性媒質で時間変化がない場合，式 (2.38) は $\nabla \cdot \boldsymbol{A} = 0$ となり，これは**クーロンゲージ** (Coulomb gauge) と呼ばれる．

ローレンツゲージを用いると，式 (2.36), (2.37) はそれぞれ

$$\nabla^2 \boldsymbol{A} - \varepsilon\mu\frac{\partial^2 \boldsymbol{A}}{\partial t^2} - \mu\sigma\frac{\partial \boldsymbol{A}}{\partial t} = -\mu \boldsymbol{J}_0 \tag{2.39}$$

$$\nabla^2 \phi - \varepsilon\mu\frac{\partial^2 \phi}{\partial t^2} - \mu\sigma\frac{\partial \phi}{\partial t} = -\frac{\rho}{\varepsilon} \tag{2.40}$$

となり，$\boldsymbol{A}$ のみを含む微分方程式と，ϕ のみを含む微分方程式とに分離される．式 (2.39), (2.40) は，電界，磁界が満たす微分方程式，すなわち式 (2.22), (2.23) と同じ形であるが，右辺の非同次項が，より単純な表現になっている．また，電流密度 $\boldsymbol{J}_0$ がある方向の成分のみをもっているとき，式 (2.39) から分かるように，ベクトルポテンシャル $\boldsymbol{A}$ も $\boldsymbol{J}_0$ と同じ方向の成分のみをもつことになり，これがベクトルポテンシャルの便利なところである．

☕ 談 話 室 ☕

アハラノフ–ボーム効果　電荷に働く力として電界 $\boldsymbol{E}$ が定義され，電流に働く力として磁束密度 $\boldsymbol{B}$ が定義されているので，電磁界の基本量は $\boldsymbol{E}$ と $\boldsymbol{B}$ ということになるが，アハラノフ (Y. Aharonov) とボーム (D. Bohm) は，荷電粒子である電子が，こうした電界 $\boldsymbol{E}$ や磁束密度 $\boldsymbol{B}$ がなくても，電磁ポテンシャル $\boldsymbol{A}$, ϕ があれば，その影響を受けることを示した．こうした現象は**アハラノフ–ボーム効果** (Aharonov-Bohm effect) と呼ばれ，実験的にも確認されている．これは，電磁気現象の基本量が電界と磁束密度ではなく，電磁ポテンシャルであることを示唆している．

2.5 正弦波電磁界

電磁界が角周波数 ω で時間的に正弦波振動している場合 (1.4 節参照) には，フェーザ表示した電磁界，例えば

$$\boldsymbol{E}(\boldsymbol{r},t) = \begin{cases} \mathrm{Re}[\tilde{\boldsymbol{E}}(\boldsymbol{r})\exp(j\omega t)] & (|\tilde{\boldsymbol{E}}(\boldsymbol{r})| \text{ は波高値}) \\ \mathrm{Re}[\sqrt{2}\tilde{\boldsymbol{E}}(\boldsymbol{r})\exp(j\omega t)] & (|\tilde{\boldsymbol{E}}(\boldsymbol{r})| \text{ は実効値}) \end{cases} \tag{2.41}$$

のように関係づけられるフェーザ電界 $\tilde{\boldsymbol{E}}(\boldsymbol{r}) \equiv \tilde{\boldsymbol{E}}$ などを導入する．ここに $\boldsymbol{r}$ は，電磁界が三次元空間座標の関数であることを表すために用いた位置ベクトルである．表記を簡単にするための習慣に従って，フェーザ量を表す記号 $\sim$ を省略すると，式 (2.16)～(2.19) のマクスウェルの方程式は，波源がないとき次式となる．

$$\nabla \times \boldsymbol{E} = -j\omega\mu\boldsymbol{H} \tag{2.42}$$

$$\nabla \times \boldsymbol{H} = j\omega\varepsilon\boldsymbol{E} + \sigma\boldsymbol{E} \tag{2.43}$$

$$\nabla \cdot \boldsymbol{E} = 0 \tag{2.44}$$

$$\nabla \cdot \boldsymbol{H} = 0 \tag{2.45}$$

さて，式 (2.42) の回転をとり，式 (2.43) を代入し，磁界 $\boldsymbol{H}$ を消去すると

$$\nabla \times \nabla \times \boldsymbol{E} = (\omega^2\varepsilon\mu - j\omega\mu\sigma)\boldsymbol{E} \tag{2.46}$$

となる．この式の左辺に式 (2.21) のベクトル公式を用いて，更に式 (2.44) を代入すると

$$\nabla^2 \boldsymbol{E} + (\omega^2\varepsilon\mu - j\omega\mu\sigma)\boldsymbol{E} = 0 \tag{2.47}$$

が得られる．同様にして，電界 $\boldsymbol{E}$ を消去すると

$$\nabla^2 \boldsymbol{H} + (\omega^2\varepsilon\mu - j\omega\mu\sigma)\boldsymbol{H} = 0 \tag{2.48}$$

が得られる．式 (2.47), (2.48) は**ベクトルヘルムホルツ方程式** (vector Helmholtz equation) と呼ばれる．このベクトルヘルムホルツ方程式を，電界成分 E_x, E_y, E_z, 磁界成分 H_x, H_y, H_z を用いて書くと

2.5 正弦波電磁界

$$\nabla^2 E_x + (\omega^2 \varepsilon\mu - j\omega\mu\sigma)E_x = 0 \tag{2.49a}$$

$$\nabla^2 E_y + (\omega^2 \varepsilon\mu - j\omega\mu\sigma)E_y = 0 \tag{2.49b}$$

$$\nabla^2 E_z + (\omega^2 \varepsilon\mu - j\omega\mu\sigma)E_z = 0 \tag{2.49c}$$

$$\nabla^2 H_x + (\omega^2 \varepsilon\mu - j\omega\mu\sigma)H_x = 0 \tag{2.50a}$$

$$\nabla^2 H_y + (\omega^2 \varepsilon\mu - j\omega\mu\sigma)H_y = 0 \tag{2.50b}$$

$$\nabla^2 H_z + (\omega^2 \varepsilon\mu - j\omega\mu\sigma)H_z = 0 \tag{2.50c}$$

となり，いずれも分布定数回路のヘルムホルツ方程式である式 (1.28) と形式的に一致している．これらはそれぞれスカラ関数 $E_x, E_y, E_z, H_x, H_y, H_z$ に関するヘルムホルツ方程式であるので，ベクトルヘルムホルツ方程式と区別する意味で**スカラヘルムホルツ方程式** (scalar Helmholtz equation) と呼ぶこともある．

非導電性媒質 ($\sigma = 0$) の場合，式 (2.47), (2.48) は

$$\nabla^2 \boldsymbol{E} + k^2 \boldsymbol{E} = 0 \tag{2.51}$$

$$\nabla^2 \boldsymbol{H} + k^2 \boldsymbol{H} = 0 \tag{2.52}$$

となる．ここに k 〔rad/m〕は

$$k = \omega\sqrt{\varepsilon\mu} \tag{2.53}$$

で与えられ，**波数** (wavenumber) と呼ばれる．なお，真空 (自由空間) の場合，誘電率 ε, 透磁率 μ はそれぞれ真空誘電率 ε_0, 真空透磁率 μ_0 に置き換えられるので，このときの波数を

$$k_0 = \omega\sqrt{\varepsilon_0\mu_0} \tag{2.54}$$

と書いて，**自由空間波数** (free-space wavenumber) と呼ぶ．

ところで，光波帯では，物質定数として**屈折率** (refractive index) がよく用いられ

$$n = \sqrt{\frac{\varepsilon\mu}{\varepsilon_0\mu_0}} \tag{2.55}$$

のように定義される．通常の誘電体では，$\mu = \mu_0$ であるので，屈折率 n は

$$n = \sqrt{\frac{\varepsilon}{\varepsilon_0}} \tag{2.56}$$

で与えられる．また，屈折率 n を用いると，式 (2.53) の波数 k は次式のように書ける．

$$k = k_0 n \tag{2.57}$$

2.6 ポインティングベクトル

ベクトル公式

$$\nabla \cdot (\boldsymbol{E} \times \boldsymbol{H}) = \boldsymbol{H} \cdot (\nabla \times \boldsymbol{E}) - \boldsymbol{E} \cdot (\nabla \times \boldsymbol{H}) \tag{2.58}$$

を用いて,この式の右辺の $\nabla \times \boldsymbol{E}, \nabla \times \boldsymbol{H}$ にそれぞれ式 (2.16), (2.17) を代入し,**図 2.2** に示すような任意の三次元領域 v について積分すると

$$\int_v \nabla \cdot (\boldsymbol{E} \times \boldsymbol{H}) \, dv = -\frac{d}{dt}\int_v \frac{1}{2}\varepsilon|\boldsymbol{E}|^2 \, dv - \frac{d}{dt}\int_v \frac{1}{2}\mu|\boldsymbol{H}|^2 \, dv$$

$$- \int_v \sigma|\boldsymbol{E}|^2 \, dv - \int_v \boldsymbol{E} \cdot \boldsymbol{J}_0 \, dv \tag{2.59}$$

が得られる.ここで,ガウスの定理

$$\int_v \nabla \cdot (\boldsymbol{E} \times \boldsymbol{H}) \, dv = \oint_S (\boldsymbol{E} \times \boldsymbol{H}) \cdot \boldsymbol{i}_n \, dS \tag{2.60}$$

を用いて,式 (2.59) の左辺の体積積分を,v を取り囲む表面 (閉曲面) S に関する面積分に変換する.ここに $\boldsymbol{i}_n$ は閉曲面 S に関する外向き単位法線ベクトルである.更に,領域 v 内に蓄えられる電気エネルギー W_e,磁気エネルギー W_m がそれぞれ

$$W_e = \int_v \frac{1}{2}\varepsilon|\boldsymbol{E}|^2 \, dv \tag{2.61}$$

$$W_m = \int_v \frac{1}{2}\mu|\boldsymbol{H}|^2 \, dv \tag{2.62}$$

で与えられ,ジュール熱として失われる電力,外部から供給される電力がそれぞれ

$$P_J = \int_v \sigma|\boldsymbol{E}|^2 \, dv \tag{2.63}$$

$$P_0 = \int_v \boldsymbol{E} \cdot \boldsymbol{J}_0 \, dv \tag{2.64}$$

で与えられることに注意すると,式 (2.59) は次式のように書ける.

$$\oint_S (\boldsymbol{E} \times \boldsymbol{H}) \cdot \boldsymbol{i}_n \, dS = -\frac{dW_e}{dt} - \frac{dW_m}{dt} - P_J - P_0 \tag{2.65}$$

式 (2.65) の右辺の第 1 項と第 2 項はそれぞれ領域 v 内に蓄えられる電気エネルギーと磁気エネルギーの単位時間当りの減少量を表し,第 3 項と第 4 項はそれぞれ領域 v 内におけ

るジュール損と供給電力の減少量を表しているので，これらに相当するエネルギーが領域 v の外部へ放出されなければならない．すなわち，式 (2.65) の左辺は表面 S から流出する単位時間当りのエネルギーであると解釈することができる．したがって，$(\boldsymbol{E}\times\boldsymbol{H})\cdot\boldsymbol{i}_n$ は表面 S の単位面積を通過する単位時間当りのエネルギー (電力) ということになる．このため

$$\boldsymbol{S} = \boldsymbol{E} \times \boldsymbol{H} \tag{2.66}$$

と定義される $\boldsymbol{S}\,[\mathrm{W/m^2}]$ は電磁界の電力流密度 (単位時間当りのエネルギー流密度) を表していると考えることができ，これを**ポインティングベクトル** (Poynting vector) という．

電磁界が正弦波振動している場合には，式 (2.66) のポインティングベクトルを周期 T にわたって平均した値が用いられ，フェーザ量 $\tilde{\boldsymbol{E}}$, $\tilde{\boldsymbol{H}}$ を用いて計算すると

$$\frac{1}{T}\int_0^T \boldsymbol{E}\times\boldsymbol{H}\,dt = \mathrm{Re}\left[\frac{1}{2}\tilde{\boldsymbol{E}}\times\tilde{\boldsymbol{H}}^*\right] \qquad (|\tilde{\boldsymbol{E}}|, |\tilde{\boldsymbol{H}}| \text{ は波高値}) \tag{2.67}$$

となる (問 2.3 参照)．ここに * は複素共役を意味する．結局，電力流密度は，$(\tilde{\boldsymbol{E}}\times\tilde{\boldsymbol{H}}^*)/2$ の実部によって与えられることになる．表記を簡略化するために，記号 $\sim$ を省略し

$$\boldsymbol{S} = \frac{1}{2}\boldsymbol{E}\times\boldsymbol{H}^* \qquad (|\boldsymbol{E}|, |\boldsymbol{H}| \text{ は波高値}) \tag{2.68}$$

のように定義される $\boldsymbol{S}$ を**複素ポインティングベクトル** (complex Poynting vector) という．なお，フェーザ量の大きさが波高値ではなく，実効値になっている場合の複素ポインティングベクトルは次式のように与えられる．

$$\boldsymbol{S} = \boldsymbol{E}\times\boldsymbol{H}^* \qquad (|\boldsymbol{E}|, |\boldsymbol{H}| \text{ は実効値}) \tag{2.69}$$

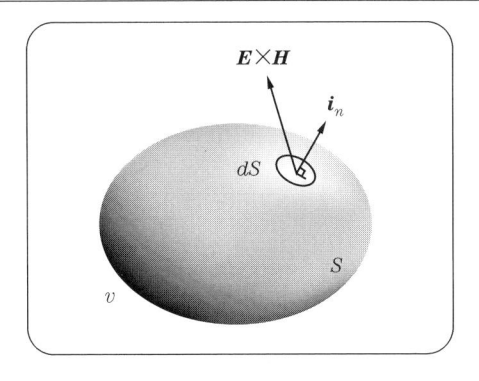

図 2.2　三次元領域 v とその表面 S

2.7 境界条件

図 2.3 に示すような二つの異なる媒質 1, 2 が接する境界面で満たすべき条件を**境界条件** (boundary condition) という．媒質 1 から 2 へ向かう単位法線ベクトルを i_n とすると，境界条件は以下のようになる．

① 電界の接線成分は連続である．
$$i_n \times (E_2 - E_1) = 0 \tag{2.70}$$

② 磁界の接線成分は連続であり
$$i_n \times (H_2 - H_1) = 0 \tag{2.71}$$

となるが，境界面に面電流が流れている場合には，面電流密度 K〔A/m〕だけ不連続になる．
$$i_n \times (H_2 - H_1) = K \tag{2.72}$$

③ 電束密度の法線成分は連続であり
$$i_n \cdot (D_2 - D_1) = 0 \tag{2.73}$$

となるが，境界面に面電荷が存在している場合には，面電荷密度 σ〔C/m^2〕だけ不連続になる．
$$i_n \cdot (D_2 - D_1) = \sigma \tag{2.74}$$

④ 磁束密度の法線成分は連続である．
$$i_n \cdot (B_2 - B_1) = 0 \tag{2.75}$$

ここに添字 1, 2 はそれぞれ媒質 1, 2 の量であることを意味する．

特に，媒質 1 を完全導体 (3.6 節参照) とすると，この内部の電磁界は 0 であるので，境界条件は添字 2 を省略して

$$i_n \times E = 0 \tag{2.76}$$
$$i_n \times H = K \tag{2.77}$$
$$i_n \cdot D = \sigma \tag{2.78}$$
$$i_n \cdot B = 0 \tag{2.79}$$

となる．完全導体の表面で電界の接線成分は 0 であり，磁界は導体表面に平行になる．また，導体表面上には，磁界 H と垂直な方向に大きさ $|K| = |H|$ の電流が流れる．導体表面における電界 E，磁界 H，表面電流 K の向きの間の関係を図 2.4 に示しておく．

なお，対称面が存在する系において，電界の接線成分と磁束密度の法線成分が 0 になるような，いわば等価的に**電気壁** (electric wall) となる対称面に対しては

$$\boldsymbol{i}_n \times \boldsymbol{E} = 0 \tag{2.80}$$

$$\boldsymbol{i}_n \cdot \boldsymbol{B} = 0 \tag{2.81}$$

の境界条件が用いられる．また，磁界の接線成分と電束密度の法線成分が 0 になるような，いわば等価的に**磁気壁** (magnetic wall) となる対称面に対しては

$$\boldsymbol{i}_n \times \boldsymbol{H} = 0 \tag{2.82}$$

$$\boldsymbol{i}_n \cdot \boldsymbol{D} = 0 \tag{2.83}$$

の境界条件が用いられる．

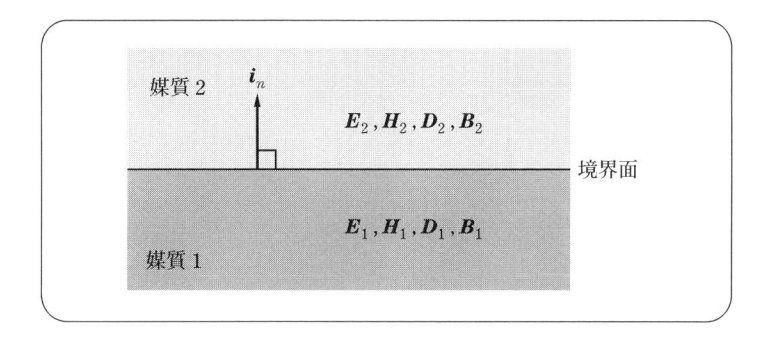

図 2.3　媒質の境界面

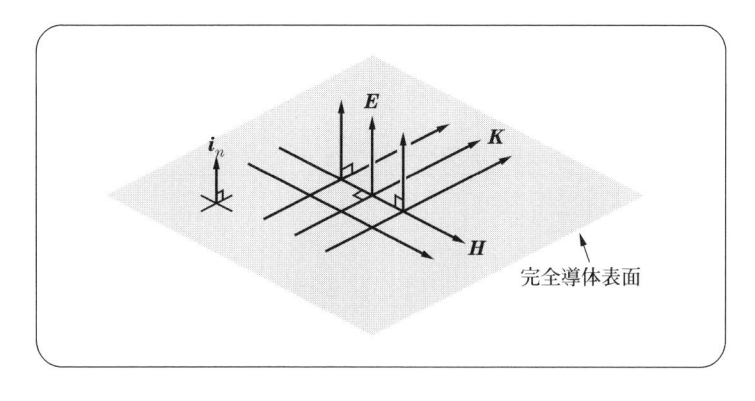

図 2.4　導体表面における電磁界と表面電流の関係

2.8 平面波

ヘルムホルツ方程式の最も簡単な解である**平面波** (plane wave) の性質を知っておくことは，光波伝搬や電波伝搬を理解するうえで重要である．

いま，その大きさが式 (2.53) の波数 k となる**波数ベクトル** (wave vector) $\boldsymbol{k}$，すなわち

$$\boldsymbol{k} = k_x \boldsymbol{i}_x + k_y \boldsymbol{i}_y + k_z \boldsymbol{i}_z = k \boldsymbol{i}_k, \qquad |\boldsymbol{k}| = \sqrt{k_x^2 + k_y^2 + k_z^2} = k \tag{2.84}$$

と位置ベクトル $\boldsymbol{r} = x\boldsymbol{i}_x + y\boldsymbol{i}_y + z\boldsymbol{i}_z$ を導入すると，式 (2.51) のヘルムホルツ方程式の解は

$$\boldsymbol{E} = \boldsymbol{E}_0 \exp[-j(k_x x + k_y y + k_z z)]$$

$$= \boldsymbol{E}_0 \exp(-j\boldsymbol{k}\cdot\boldsymbol{r}) = \boldsymbol{E}_0 \exp(-jk\boldsymbol{i}_k\cdot\boldsymbol{r}) = \boldsymbol{E}_0 \exp(-jkr_k) \tag{2.85}$$

と書ける (問 2.4 参照)．ここに $\boldsymbol{E}_0 = E_{0x}\boldsymbol{i}_x + E_{0y}\boldsymbol{i}_y + E_{0z}\boldsymbol{i}_z$ であり，E_{0x}，E_{0y}，E_{0z} は電界 $\boldsymbol{E}$ の x，y，z 方向成分の振幅を表し，定数である．また，$\boldsymbol{i}_k$ は $\boldsymbol{k}$ 方向の単位ベクトルであり，k_x，k_y，k_z はそれぞれ $\boldsymbol{k}$ の x，y，z 方向成分である．更に，$r_k = \boldsymbol{i}_k\cdot\boldsymbol{r}$ は，$\boldsymbol{r}$ の $\boldsymbol{k}$ 方向成分であるので，図 2.5 に示すような波数ベクトル $\boldsymbol{k}$ に垂直な平面上で位相項 $\exp(-j\boldsymbol{k}\cdot\boldsymbol{r})$ は一定となり，したがって電界 $\boldsymbol{E}$ はこの平面上で一様になる．同じことは，式 (2.52) の $\boldsymbol{H}$ についてもいえる．なお，図 2.5 の $\boldsymbol{r}$ は，原点 O，点 P をそれぞれ始点，終点とする位置ベクトルであり，点 P は波数ベクトル $\boldsymbol{k}$ に垂直な平面内の任意の点である．

式 (2.85) を式 (2.44) に代入すると

$$\boldsymbol{k}\cdot\boldsymbol{E} = 0 \tag{2.86}$$

が得られる (問 2.4 参照)．これは，波数ベクトル $\boldsymbol{k}$ と電界 $\boldsymbol{E}$ とが直交していることを意味している．また，式 (2.85) を式 (2.42) に代入すると

$$\boldsymbol{H} = \frac{1}{\omega\mu}(\boldsymbol{k} \times \boldsymbol{E}) \tag{2.87}$$

が得られる (問 2.4 参照)．これは，磁界 $\boldsymbol{H}$ が $\boldsymbol{k}$ と $\boldsymbol{E}$ のいずれにも直交していることを意味している．図 2.5 には，電界 $\boldsymbol{E}$，磁界 $\boldsymbol{H}$，波数ベクトル $\boldsymbol{k}$ との関係も示してある．

ここで，複素ポインティングベクトル $\boldsymbol{S}$ を求めてみると，$\boldsymbol{k}$ は実数ベクトル ($\boldsymbol{k} = \boldsymbol{k}^*$) であるので

2.8 平面波

$$S = \frac{1}{2}\boldsymbol{E} \times \boldsymbol{H}^* = \frac{1}{2\omega\mu}\boldsymbol{E} \times (\boldsymbol{k} \times \boldsymbol{E}^*)$$

$$= \frac{1}{2\omega\mu}[(\boldsymbol{E}\cdot\boldsymbol{E}^*)\boldsymbol{k} - (\boldsymbol{E}\cdot\boldsymbol{k})\boldsymbol{E}^*] = \frac{|\boldsymbol{E}|^2}{2\omega\mu}\boldsymbol{k} \tag{2.88}$$

となる．このとき，ベクトル公式 $\boldsymbol{A} \times (\boldsymbol{B} \times \boldsymbol{C}) = (\boldsymbol{A}\cdot\boldsymbol{C})\boldsymbol{B} - (\boldsymbol{A}\cdot\boldsymbol{B})\boldsymbol{C}$ を用いている．式 (2.88) は，式 (2.85) で与えられる波動が波数ベクトル $\boldsymbol{k}$ の方向に伝搬していることを意味している．したがって，その電界や磁界は伝搬方向と垂直な平面上で一様になり，このような形の波動を平面波という．このため，式 (2.53) で与えられる k を平面波の波数という．なお，電界や磁界が，ある時刻に同じ状態にある点によって形成される同一位相の曲面を**等位相面** (equiphase surface) という．平面波の場合，この等位相面は，当然のことながら平面になる．また，k, k_x, k_y, k_z はそれぞれ $\boldsymbol{k}, x, y, z$ 方向に単位長当りの位相変化量を表しているので，それぞれの方向に位相が 2π だけ変化する距離として，それぞれの波長を

$$\lambda = \frac{2\pi}{k} \tag{2.89}$$

$$\lambda_x = \frac{2\pi}{k_x}, \qquad \lambda_y = \frac{2\pi}{k_y}, \qquad \lambda_z = \frac{2\pi}{k_z} \tag{2.90}$$

のように定義する．これらの波長 $\lambda, \lambda_x, \lambda_y, \lambda_z$ の間には式 (2.84) から次の関係がある．

$$\frac{1}{\lambda} = \sqrt{\left(\frac{1}{\lambda_x}\right)^2 + \left(\frac{1}{\lambda_y}\right)^2 + \left(\frac{1}{\lambda_z}\right)^2} \tag{2.91}$$

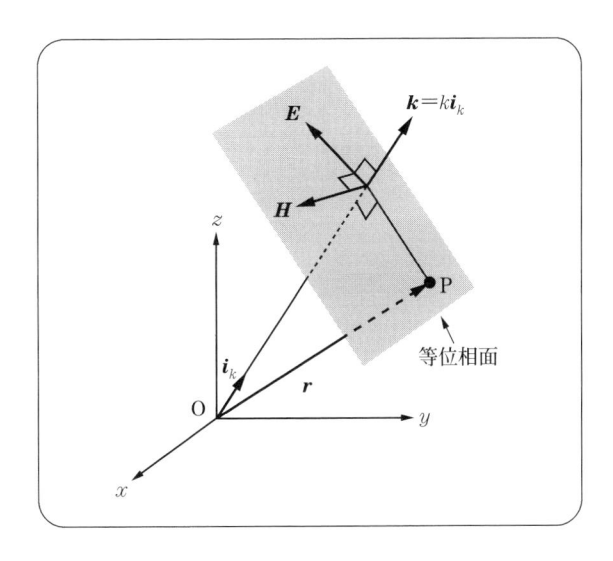

図 2.5 電磁界と波数ベクトルとの関係

2.9 ガウスビーム

レーザ光ビームのように，伝搬方向と垂直な面内における電磁界分布がガウス関数で表現できる波動は，特に**ガウスビーム** (Gaussian beam) と呼ばれる．平面波の等位相面は無限に広がった平面であるが，実際の波動では，横方向の広がりは有限である．ガウスビームはこうした有限な幅をもつビーム波の典型である．

さて，式 (2.51), (2.52) のベクトルヘルムホルツ方程式を満たす電磁界のある一つの成分を Φ としたとき，この Φ は次の (スカラ) ヘルムホルツ方程式を満たす．

$$\nabla^2 \Phi + k^2 \Phi = 0 \tag{2.92}$$

ここでは，これを基本式としてガウスビームの表現式を求める．いま，ガウスビームが z 方向に伝搬する平面波に近いものとし，Φ を式 (2.85) にならって

$$\Phi(x,y,z) = \phi(x,y,z)\exp(-jkz) \tag{2.93}$$

とおく．ここに ϕ は平面波との違いを表す関数であり，伝搬方向，すなわち z 方向に緩やかに変化する．式 (2.93) を式 (2.92) に代入し，$|\partial^2\phi/\partial z^2| \ll |2jk\partial\phi/\partial z|$ とする**緩慢変化包絡線近似** (slowly-varying envelope approximation: SVEA) を用いて，$\partial^2\phi/\partial z^2$ の項を無視すると

$$-2jk\frac{\partial \phi}{\partial z} + \frac{\partial^2 \phi}{\partial x^2} + \frac{\partial^2 \phi}{\partial y^2} = 0 \tag{2.94}$$

が得られる．この解は

$$\phi = A\sqrt{\frac{W_{0x}W_{0y}}{W_x(z)W_y(z)}} \exp\left\{-\left[\frac{1}{W_x^2(z)} + j\frac{k}{2R_x(z)}\right]x^2 + j\frac{1}{2}\tan^{-1}\left(\frac{2z}{kW_{0x}^2}\right)\right\}$$

$$\times \exp\left\{-\left[\frac{1}{W_y^2(z)} + j\frac{k}{2R_y(z)}\right]y^2 + j\frac{1}{2}\tan^{-1}\left(\frac{2z}{kW_{0y}^2}\right)\right\} \tag{2.95}$$

と書ける (問 2.5 の解答参照)．ここに A は振幅である．また，$W_i(z)$, $R_i(z)$ $(i=x,y)$ はそれぞれ**スポットサイズ** (spot size), 波面の曲率半径であり

$$W_i(z) = W_{0i}\sqrt{1 + \left(\frac{2z}{kW_{0i}^2}\right)^2} \tag{2.96}$$

$$R_i(z) = z\left[1 + \left(\frac{kW_{0i}^2}{2z}\right)^2\right] \tag{2.97}$$

で与えられる (問 2.5 参照). なお, $2W_i(z)$ を**ビーム径** (beam diameter) という.

ガウスビームの二次元 (xz 面内) 伝搬の様子を**図 2.6**に示す. スポットサイズ $W_i(z)$ は, $z = 0$ で最小値 W_{0i} をとるので, この位置を**ビームウェスト** (beam waist) と呼ぶ. ビームの広がり角は, その半角を $\Delta\theta$ として, z が十分大きく, また $kW_{0i} \gg 1$ のとき

$$2\Delta\theta = 2\lim_{z\to\infty} \tan^{-1}\frac{W_i(z)}{z} = 2\tan^{-1}\frac{2}{kW_{0i}} \fallingdotseq \frac{4}{kW_{0i}} \tag{2.98}$$

となる (問 2.5 参照) ので, このビームの広がり角 $2\Delta\theta$ を測定すると, スポットサイズ W_{0i} が求められる. ビームの**開口数** NA (numerical aperture) は $\sin\Delta\theta$ で与えられるので, $\Delta\theta \ll 1$ のとき, NA $\fallingdotseq \Delta\theta$ と近似できる. また, スポットサイズは, z の増加とともに, $W_i(z) = \pm 2z/(kW_{0i})$ を漸近線として, 双曲線を描いて広がっていく. 曲率半径 $R_i(z)$ は $z = 0$ において無限大, すなわちガウスビームはここで平面波となり, z が十分大きくなると, $R_i(z) \fallingdotseq z$ となるので, **球面波** (spherical wave) と似た性質をもつ (式 (2.107) 参照).

なお, 軸対称なガウスビームに対しては, $W_{0x} = W_{0y} \equiv W_0$, $W_x(z) = W_y(z) \equiv W(z)$, $R_x(z) = R_y(z) \equiv R(z)$, $r = \sqrt{x^2 + y^2}$ とおき, 式 (2.95) の代わりに次式を用いる.

$$\phi = A\frac{W_0}{W(z)}\exp\left\{-\left[\frac{1}{W^2(z)} + j\frac{k}{2R(z)}\right]r^2 + j\tan^{-1}\left(\frac{2z}{kW_0^2}\right)\right\} \tag{2.99}$$

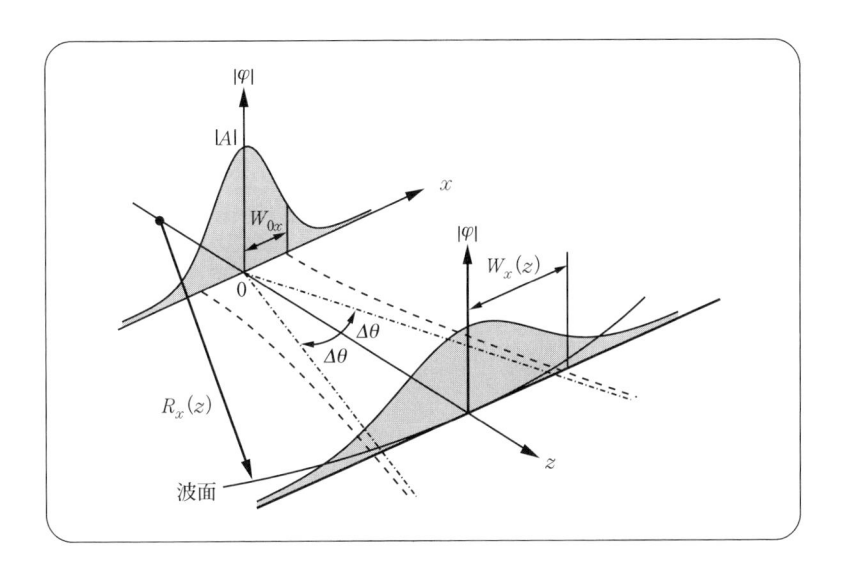

図 2.6　ガウスビームの二次元伝搬の様子

2.10 グリーン関数

波動方程式やヘルムホルツ方程式は，いずれも**偏微分方程式** (partial differential equation: PDE) になっているが，これを，**グリーン関数** (Green function) を利用し，**積分方程式** (integral equation) に変換して解くこともできる．グリーン関数とは，**ディラックの δ 関数** (Dirac δ-function) $\delta(\boldsymbol{r})$ を波源としたときの PDE の解である．このディラックの δ 関数には，その場所を表す位置ベクトルを $\boldsymbol{r}' = x'\boldsymbol{i}_x + y'\boldsymbol{i}_y + z'\boldsymbol{i}_z$ として

$$\int_v f(\boldsymbol{r})\delta(\boldsymbol{r}-\boldsymbol{r}')\,dv = f(\boldsymbol{r}') \tag{2.100}$$

のような性質がある．ここに $f(\boldsymbol{r})$ は適当な関数である．

いま，波源がある場合にも対応できるように，式 (2.92) のヘルムホルツ方程式を一般化して

$$\nabla^2 \varPhi(\boldsymbol{r}) + k^2 \varPhi(\boldsymbol{r}) = -g(\boldsymbol{r}) \tag{2.101}$$

と書くことにする．ここに $g(\boldsymbol{r})$ は波源を表す．これに対応するグリーン関数 $G(\boldsymbol{r},\boldsymbol{r}')$ は

$$\nabla^2 G(\boldsymbol{r},\boldsymbol{r}') + k^2 G(\boldsymbol{r},\boldsymbol{r}') = -\delta(\boldsymbol{r}-\boldsymbol{r}') \tag{2.102}$$

の解として与えられる．

いま，三次元領域 v 内，及び v を取り囲む閉曲面 S (図 2.2 参照) 上で 2 階連続微分可能なスカラ関数 ϕ, ψ を考えると

$$\int_v (\psi \nabla^2 \phi - \phi \nabla^2 \psi)\,dv = \oint_S \left(\psi \frac{\partial \phi}{\partial n} - \phi \frac{\partial \psi}{\partial n}\right) dS \tag{2.103}$$

のような**グリーンの定理** (Green theorem) が成り立つ．ここに左辺は領域 v に関する体積積分，右辺は閉曲面 S に関する面積分を表し，$\partial/\partial n$ は閉曲面 S に関する外向き法線微分である．スカラ関数 ϕ, ψ をそれぞれ式 (2.101) の $\varPhi(\boldsymbol{r})$，式 (2.102) の $G(\boldsymbol{r},\boldsymbol{r}')$ に対応させ，式 (2.100) を用いると

$$\varPhi(\boldsymbol{r}') = \int_v g(\boldsymbol{r})G(\boldsymbol{r},\boldsymbol{r}')\,dv + \oint_S \left[\frac{\partial \varPhi}{\partial n}G(\boldsymbol{r},\boldsymbol{r}') - \varPhi \frac{\partial}{\partial n}G(\boldsymbol{r},\boldsymbol{r}')\right] dS \tag{2.104}$$

が得られる．

2.10 グリーン関数

閉曲面 S 内に波源 $g(\boldsymbol{r})$ がない場合，式 (2.104) は

$$\Phi(\boldsymbol{r}') = \oint_S \left[\frac{\partial \Phi}{\partial n} G(\boldsymbol{r}, \boldsymbol{r}') - \Phi \frac{\partial}{\partial n} G(\boldsymbol{r}, \boldsymbol{r}') \right] dS \tag{2.105}$$

となり，式 (2.101) の解は，グリーン関数 $G(\boldsymbol{r}, \boldsymbol{r}')$ が与えられると，領域境界上の $\Phi, \partial \Phi / \partial n$ の値によって一意的に定められることになる．式 (2.105) は回折問題を取り扱う場合の基本式として有用なものである (4.6 節参照)．

閉曲面 S が無限遠方にあり，Φ が外向きに伝搬する場合，S 上の Φ の値は有限な位置における Φ の値に影響を及ぼさないので，閉曲面 S に関する面積分は消失し，式 (2.104) は

$$\Phi(\boldsymbol{r}') = \int_v g(\boldsymbol{r}) G(\boldsymbol{r}, \boldsymbol{r}') \, dv \tag{2.106}$$

となる．これは，単位波源による解を用いて任意の波源分布に対する解が求められることを表しており，**重ね合わせの理** (principle of superposition) の一例である．

なお，無限空間の三次元グリーン関数は，球面波の形で，すなわち

$$G(\boldsymbol{r}, \boldsymbol{r}') = \frac{1}{4\pi r} \exp(-jkr) \tag{2.107}$$

で与えられる．ここに r は 2 点間の距離であり

$$r = |\boldsymbol{r} - \boldsymbol{r}'| = \sqrt{(x-x')^2 + (y-y')^2 + (z-z')^2} \tag{2.108}$$

と書ける．また，二次元のグリーン関数は，**円筒波** (cylindrical wave) の形で，すなわち

$$G(\boldsymbol{r}, \boldsymbol{r}') = \frac{1}{4j} H_0^{(2)}(kr) \tag{2.109}$$

で与えられる．ここに $H_0^{(2)}(kr)$ は 0 次の第二種ハンケル関数であり，$\boldsymbol{r}, \boldsymbol{r}'$ は二次元の位置ベクトルであるので，例えば xz 面内伝搬 $(\partial/\partial y = 0)$ の場合には，r を次式とする．

$$r = |\boldsymbol{r} - \boldsymbol{r}'| = \sqrt{(x-x')^2 + (z-z')^2} \tag{2.110}$$

☕ 談 話 室 ☕

グリーン関数の可逆性　　グリーン関数には，波源と観測点の位置を入れ換えても，関数の形が変わらないという性質があり，これをグリーン関数の**可逆性** (reciprocity) という．実際，式 (2.107), (2.109) のグリーン関数も，可逆性，すなわち $G(\boldsymbol{r}, \boldsymbol{r}') = G(\boldsymbol{r}', \boldsymbol{r})$ の関係を満たしている．

2.11 フロケの定理

周期構造 (periodic structure) とは，媒質の性質や境界条件が空間に関して周期的に変化しているもので，その応用範囲は極めて広い (5.12 節参照)．こうした周期構造中の，ある位置における波動は，そこから 1 周期離れた位置における波動と同じ性質をもっており，その振幅が定数倍されているだけである．これは周期構造の最も基本的な性質であり，その根拠を与えるものが**フロケの定理** (Floquet's theorem) である．

いま，z 方向に屈折率 $n(z)$ が周期 Λ で変化しており，この方向に平面波が伝搬しているとすると，式 (2.92) は

$$\frac{d^2 \Phi}{dz^2} + k_0^2 n^2(z) \Phi = 0 \tag{2.111}$$

となる．ここに k_0 は自由空間波数 (式 (2.54) 参照) である．式 (2.111) の独立な二つの解を $f(z), g(z)$ とすると，$f(z+\Lambda), g(z+\Lambda)$ も式 (2.111) の解になるので，これらを $f(z), g(z)$ の線形結合で表すと

$$f(z + \Lambda) = Af(z) + Bg(z) \tag{2.112a}$$

$$g(z + \Lambda) = Cf(z) + Dg(z) \tag{2.112b}$$

と書ける．ここに A, B, C, D は定数である．このとき，$f(z), g(z)$ は式 (2.111) から

$$f\frac{d^2 g}{dz^2} - \frac{d^2 f}{dz^2} g = 0 \tag{2.113}$$

を満たしており，これは

$$\frac{d}{dz}\left(f\frac{dg}{dz} - \frac{df}{dz}g\right) = 0 \tag{2.114}$$

と書けるので，$f(dg/dz) - (df/dz)g$ の値は，位置 z によらず一定となる．この関係を，位置 z と位置 $z+\Lambda$ とに用いると，定数 A, B, C, D の間に

$$AD - BC = 1 \tag{2.115}$$

の関係式が成り立つことが分かる．

さて，式 (2.111) の任意の解 $\Phi(z)$ を，定数 a, b を用いて

$$\Phi(z) = af(z) + bg(z) \tag{2.116}$$

2.11 フロケの定理

のように,独立な二つの解 $f(z), g(z)$ の線形結合で表すと, $\Phi(z+\Lambda)$ は

$$\Phi(z+\Lambda) = af(z+\Lambda) + bg(z+\Lambda) \tag{2.117}$$

と書ける.これに式 (2.112) を代入すると

$$\Phi(z+\Lambda) = (Aa+Cb)f(z) + (Ba+Db)g(z) \tag{2.118}$$

が得られる.これは

$$Aa + Cb = Xa, \qquad Ba + Db = Xb \tag{2.119}$$

を満たす X が存在するならば,式 (2.116) を用いて

$$\Phi(z+\Lambda) = X\Phi(z) \tag{2.120}$$

と書ける.この X の値は,式 (2.119) が $a \neq 0$, $b \neq 0$ の解をもつための条件

$$X^2 - (A+D)X + AD - BC = 0 \tag{2.121}$$

から求められる.式 (2.115) に注意すると,式 (2.121) の二つの解 X_1, X_2 の積は 1 になるので, X_1, X_2 は, β を適当な定数として

$$X_1 = \exp(-j\beta\Lambda), \qquad X_2 = \exp(j\beta\Lambda) \tag{2.122}$$

の形で与えられる.したがって,式 (2.111) の解を,周期関数 $p(z)$ を用いて

$$\Phi(z) = \exp(\mp j\beta z)\, p(z) \tag{2.123}$$

のように表すと,式 (2.120) が満たされることになる.この形の解は**ブロッホ関数** (Bloch function) と呼ばれる.周期関数 $p(z)$ を

$$p(z) = \sum_{m=-\infty}^{\infty} A_m \exp\left(-j\frac{2m\pi}{\Lambda}z\right) \tag{2.124}$$

のようにフーリエ級数展開し, $\mathrm{Re}[\beta] > 0$ のとき, $+z$ 方向に伝搬する形の解 $\exp(-j\beta z)$ を用いると,ブロッホ関数は

$$\Phi(z) = \sum_{m=-\infty}^{\infty} A_m \exp(-j\beta_m z) \tag{2.125}$$

と書ける.ここに A_m は m 次の**空間高調波** (space harmonics) の振幅であり, β_m は

$$K = \frac{2\pi}{\Lambda} \tag{2.126}$$

と定義される波数 K を用いて次式で与えられる.

$$\beta_m = \beta + mK \tag{2.127}$$

2.12 ブリユアンダイアグラム

角周波数と位相定数の関係を表した図を**ブリユアンダイアグラム** (Brillouin diagram) という．このとき，縦軸を角周波数 ω，あるいは ω に比例する量とし，横軸を位相定数 β，あるいは β に比例した量とするので，ω-β ダイアグラム，あるいは分散ダイアグラムとも呼ばれる．なお，位相定数を伝搬定数と呼ぶことも多い．ここでは，周期構造中を伝搬する平面波のブリユアンダイアグラムを求めてみる．

いま，屈折率 n が一様な媒質中を，平面波が z 方向に伝搬しているとすると，式 (2.111) は

$$\frac{d^2\Phi}{dz^2} + k_0^2 n^2 \Phi = 0 \tag{2.128}$$

となる．ここで，$\exp(-j\beta z)$ の形の解を仮定すると，β は

$$\beta = \begin{cases} k_0 n = k & (\text{前進波}) \\ -k_0 n = -k & (\text{後進波}) \end{cases} \tag{2.129}$$

と求められる．ここに k は屈折率 n の媒質中を伝搬する平面波の波数である．この波数 k は角周波数 ω に比例する量である (2.5節参照) ので，縦軸を k, 横軸を β としてブリユアンダイアグラムを描くと，**図 2.7** のようになる．一つの角周波数 ω に対して，二つの波動，すなわち前進波と後進波とが存在する．ブリユアンダイアグラムの曲線の傾きは群速度に対応する (式 (1.93) 参照) ので，この傾きが正の前進波は $+z$ 方向に，また傾きが負の後進波は $-z$ 方向に電力 (エネルギー) を伝送している．

さて，この一様媒質に周期 Λ の周期的な摂動が加えられると，空間高調波が生じ，その伝搬定数 β_m は，式 (2.125) を式 (2.111) に代入し，摂動が十分小さいとして，$n(z) \fallingdotseq n$ (式 (2.128) 中の一様な屈折率 n) とすると，式 (2.129) と同様に次式で与えられる．

$$\beta_m = \beta + mK = \begin{cases} k_0 n = k & (\text{前進波}) \\ -k_0 n = -k & (\text{後進波}) \end{cases} \tag{2.130}$$

図 2.8 の細い直線群は，この式 (2.130) に対応する．紙面の都合で，縦軸の長さを，横軸に対して拡大してあるので注意する．一様媒質中における前進波と後進波は，伝搬定数が

一致していないので結合しないが，周期構造中では空間高調波が生じ，例えば伝搬定数がほぼ $-K/2$ の後進波 ($m=0$) に付随する $m=-1$ 次の空間高調波 (伝搬定数が $+K/2$ になる) は，伝搬定数が $+K/2$ の前進波 ($m=0$) とほぼ同じになるため，両者の間に結合が起こり得る．摂動が大きくなるとともに，空間高調波が同じ伝搬定数をもつ位置 (図 2.8 の細い直線群の交点) での結合も次第に強くなるが，この近傍では，二つの波の群速度の方向は互いに逆である．これは，入射波に対して反射波のみが現れ，透過波は得られないことを意味している．このため，図 2.8 に示すような**禁止帯**，いわゆる**ストップバンド** (stop band) と，**通過帯**，いわゆる**パスバンド** (pass band) が現れることになる．パスバンドでは，伝搬定数は実数 (図 2.8 の太い実線) であるが，ストップバンドでは複素数になる (5.10～5.12 節参照)．

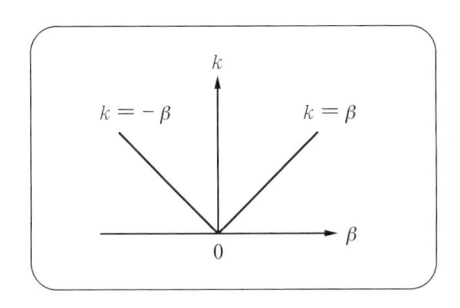

図 2.7　一様媒質中の平面波のブリユアンダイアグラム

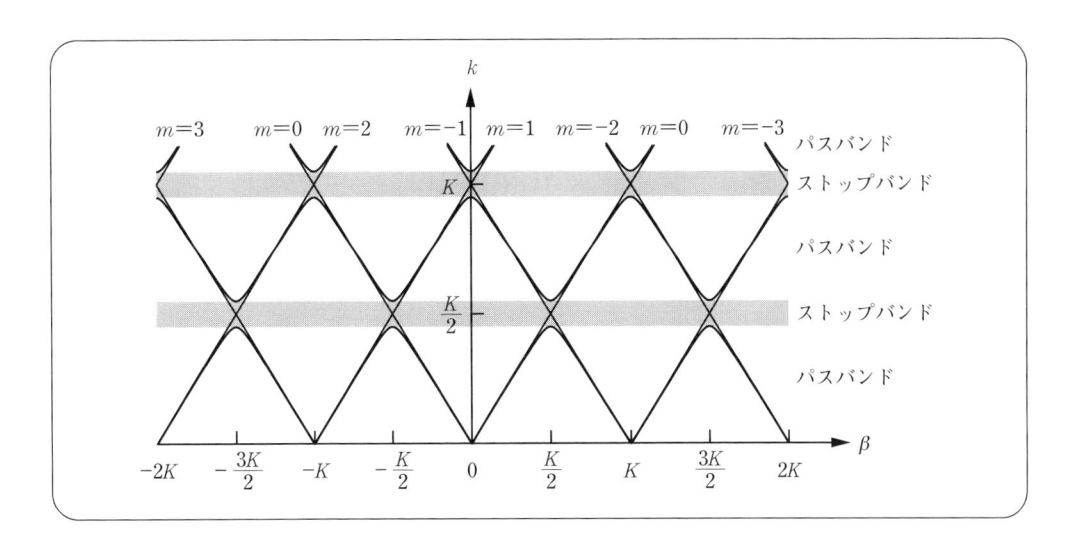

図 2.8　周期構造中の平面波のブリユアンダイアグラム

本章のまとめ

❶ **平面波**　同一位相の曲面，すなわち等位相面が平面である波．

❷ **平面波の波数**　平面波の伝搬方向に単位長当りの位相変化量．

❸ **自由空間波数**　真空 (自由空間) 中における平面波の波数．

❹ **波数ベクトル**　大きさが平面波の波数に等しく，方向が等位相面に垂直なベクトル．

❺ **波　長**　位相が 2π 〔rad〕だけ変化する距離．

❻ **ガウスビーム**　伝搬方向に垂直な横方向の振幅分布がガウス関数で与えられる有限幅のビーム波．

❼ **グリーン関数**　ディラックの δ 関数を波源としたときの偏微分方程式の解．

❽ **フロケの定理**　周期構造中の，ある位置における波動の振幅は，そこから 1 周期離れた位置における波動の振幅の定数倍になるという周期構造に特有の解の存在定理．

❾ **ブロッホ関数**　周期構造中を伝搬する波動を表す関数．

❿ **ブリユアンダイアグラム**　縦軸を角周波数 ω, あるいは ω に比例した量とし，横軸を伝搬定数 β, あるいは β に比例した量として，ω と β の関係を表した図．

●理解度の確認●

問 2.1　マクスウェルの方程式から電荷の保存則を導け．

問 2.2　ローレンツゲージを満足しない電磁ポテンシャル A_0, ϕ_0 によって定められる電界，磁界をそれぞれ E, H としたとき，電磁ポテンシャル A_0, ϕ_0 から，これらの電磁界 E, H と同じ電磁界を与え，かつローレンツゲージを満たすような新しい電磁ポテンシャル A, ϕ を作り出すことができることを示せ．

問 2.3　式 (2.67) を導け．

問 2.4　式 (2.85) が式 (2.51) の解になることを示し，式 (2.86), (2.87) を導け．

問 2.5　発振波長 0.633 μm の He–Ne レーザからの出射光の最小スポットサイズを 0.5 mm, 1 mm としたそれぞれの場合について，このレーザ光が空気中を 1 m 伝搬したあとのスポットサイズと波面の曲率半径を求め，更にビームの広がり角を求めよ．

3 反射と透過

　光波や電波は，媒質境界で，一部反射され，残りは透過する．こうした電磁波の反射と透過は波動現象の最も基本的なものである．

　本章では，電磁波の反射・透過の問題が，分布定数線路の反射・透過の問題として容易に解析できることを知る．また，電磁波には，偏波という概念があることに注意しながら，2媒質境界に対する反射係数，透過係数としてのフレネル係数を算出し，全反射，臨界角，グース–ヘンシェンシフト，ブルースター角など，反射，透過に関連する特有の事項について学習する．

3.1 電磁波の伝送線路方程式

　伝送線路上の電圧や電流は一次元のスカラ波動方程式で記述されるのに対して，電磁波は三次元のベクトル波動方程式で記述されるので，電磁波の解析はそれだけ複雑になる．ところが，こうした電磁波の問題を分布定数回路の問題に置き換えて取り扱うことができる場合が少なくない．

　いま，電磁波が，簡単のために，非導電性媒質 ($\sigma = 0$) 中を z 方向に伝搬するものとし，$\partial/\partial x = 0, \partial/\partial y = 0$ とおくと，波源がないとき，式 (2.16), (2.17) から

$$-\frac{\partial E_x}{\partial z} = \mu \frac{\partial H_y}{\partial t} \tag{3.1a}$$

$$-\frac{\partial H_y}{\partial z} = \varepsilon \frac{\partial E_x}{\partial t} \tag{3.1b}$$

$$-\frac{\partial E_y}{\partial z} = \mu \frac{\partial (-H_x)}{\partial t} \tag{3.2a}$$

$$-\frac{\partial (-H_x)}{\partial z} = \varepsilon \frac{\partial E_y}{\partial t} \tag{3.2b}$$

$$\frac{\partial E_z}{\partial t} = 0 \tag{3.3a}$$

$$\frac{\partial H_z}{\partial t} = 0 \tag{3.3b}$$

が得られる．式 (3.3) から分かるように，時間的にも空間的にも変化する電磁界に対して，$E_z = 0, H_z = 0$ でなければならない．すなわち，2.8 節でも確認したが，電磁波は伝搬方向と垂直な面内に電磁界成分をもっており，この波動を**横波** (transverse wave) という．こ

れに対して，例えば空気中を伝わる音波では，空気の局所的な粗密の変化の方向が伝搬方向と一致しており，この波動を**縦波** (longitudinal wave) という．また，式 (3.1) と式 (3.2) とは互いに独立であり，電磁波には，基本的に 2 種類の横波が存在することになる．

さて，式 (3.1) の E_x, H_y をそれぞれ電圧 v, 電流 i に，また式 (3.2) の E_y, $-H_x$ をそれぞれ電圧 v, 電流 i に対応させると，式 (3.1), (3.2) は式 (1.4) の伝送線路方程式と形式的に完全に一致していることが分かる．したがって，式 (1.5) と同じ形の波動方程式が得られることになるので，式 (3.1) の解は，ダランベールの解 (1.3 節参照) を用いて，直ちに

$$E_x = f(z - v_w t) + g(z + v_w t) \tag{3.4a}$$

$$H_y = [f(z - v_w t) - g(z + v_w t)] \frac{1}{Z_w} \tag{3.4b}$$

と書け，式 (3.2) の解も，直ちに

$$E_y = f(z - v_w t) + g(z + v_w t) \tag{3.5a}$$

$$-H_x = [f(z - v_w t) - g(z + v_w t)] \frac{1}{Z_w} \tag{3.5b}$$

と書ける．ここに $f(z - v_w t)$, $g(z + v_w t)$ はそれぞれ前進波，後進波に対応する解である．また，v_w, Z_w はそれぞれ式 (1.7), (1.9) に対応するものであるが，これらが

$$v_w = \frac{1}{\sqrt{\varepsilon \mu}} \tag{3.6}$$

$$Z_w = \sqrt{\frac{\mu}{\varepsilon}} \tag{3.7}$$

で与えられることも容易に分かる．

ここで，ポインティングベクトル $\boldsymbol{S} = \boldsymbol{E} \times \boldsymbol{H}$ を求めてみると，式 (3.4) の電磁界に対して

$$\boldsymbol{S} = E_x H_y \boldsymbol{i}_z = \begin{cases} \dfrac{1}{Z_w}[f(z - v_w t)]^2 \boldsymbol{i}_z & \text{(前進波)} \\ -\dfrac{1}{Z_w}[g(z + v_w t)]^2 \boldsymbol{i}_z & \text{(後進波)} \end{cases} \tag{3.8}$$

となり，式 (3.5) の電磁界に対して次式のようになる．

$$\boldsymbol{S} = -E_y H_x \boldsymbol{i}_z = E_y(-H_x)\boldsymbol{i}_z = \begin{cases} \dfrac{1}{Z_w}[f(z - v_w t)]^2 \boldsymbol{i}_z & \text{(前進波)} \\ -\dfrac{1}{Z_w}[g(z + v_w t)]^2 \boldsymbol{i}_z & \text{(後進波)} \end{cases} \tag{3.9}$$

当然のことながら，前進波，後進波はそれぞれ $+z$ 方向，$-z$ 方向に電力を伝送する．

3.2 電磁波の等価伝送線路

マクスウェルの方程式と伝送線路方程式との間に類似性があることが分かったので，ここでは，電磁波を，それと等価な伝送線路で表示してみる．

いま，z 方向に伝搬する平面波を考え，物質の導電性も考慮して，$\partial/\partial x = 0$, $\partial/\partial y = 0$ とおくと，周波数領域におけるマクスウェルの方程式は，式 (2.42), (2.43) から

$$-\frac{dE_x}{dz} = j\omega\mu H_y \tag{3.10a}$$

$$-\frac{dH_y}{dz} = j\omega\varepsilon E_x + \sigma E_x \tag{3.10b}$$

$$-\frac{dE_y}{dz} = j\omega\mu(-H_x) \tag{3.11a}$$

$$-\frac{d(-H_x)}{dz} = j\omega\varepsilon E_y + \sigma E_y \tag{3.11b}$$

となる．当然のことながら，3.1 節でも述べたように，伝搬方向の電磁界成分はない．また，式 (3.10) と式 (3.11) とは互いに独立である．

さて，電磁波論的諸量を，**表 3.1** に示すような形で回路論的諸量に対応させると，式 (3.10), (3.11) は式 (1.22) の周波数領域における伝送線路方程式と形式的に完全に一致する．したがって，式 (1.28) と同じ形のヘルムホルツ方程式が得られることになるので，式 (3.10) の解は，式 (1.29), (1.31) にならって

$$E_x = A\exp(-\gamma z) + B\exp(\gamma z) \tag{3.12a}$$

$$H_y = [A\exp(-\gamma z) - B\exp(\gamma z)]\frac{1}{Z_c} \tag{3.12b}$$

と書け，式 (3.11) の解も同様にして

$$E_y = A\exp(-\gamma z) + B\exp(\gamma z) \tag{3.13a}$$

$$-H_x = [A\exp(-\gamma z) - B\exp(\gamma z)]\frac{1}{Z_c} \tag{3.13b}$$

と書けることになる．ここに A, B は積分定数であり，$\exp(-\gamma z), \exp(\gamma z)$ はそれぞれ入射波，反射波に対応する解である．また，伝搬定数 γ，特性インピーダンス Z_c は，式 (1.30)，(1.32) にならって

$$\gamma = \sqrt{j\omega\mu(\sigma + j\omega\varepsilon)} \tag{3.14}$$

$$Z_c = \sqrt{\frac{j\omega\mu}{\sigma + j\omega\varepsilon}} \tag{3.15}$$

と書ける．

このように，式 (3.10)，(3.11) で記述される平面波は，その電磁界成分は互いに異なるが，伝搬定数と特性インピーダンスに違いはない．したがって，いずれの平面波に対しても，**図3.1**に示すような等価伝送線路表示が可能となる．ただし，ここでは電界，磁界をそのまま電圧，電流に対応させているので，等価伝送線路上の電圧，電流は，真の電圧，電流とは異なり，単位はそれぞれ電界，磁界の単位である〔V/m〕，〔A/m〕であることに常に注意する必要がある．

表 3.1 マクスウェルの方程式（電磁波論）と伝送線路方程式（回路論）との対応

電磁波論的諸量		回路論的諸量	
式 (3.10)	式 (3.11)	式 (1.22)	
E_x	E_y	電　圧	V
H_y	$-H_x$	電　流	I
μ	μ	直列インダクタンス	L
0	0	直列抵抗	R
ε	ε	並列容量	C
σ	σ	並列コンダクタンス	G

$$\gamma = \sqrt{j\omega\mu(\sigma + j\omega\varepsilon)}, \quad Z_c = \sqrt{\frac{j\omega\mu}{\sigma + j\omega\varepsilon}}$$

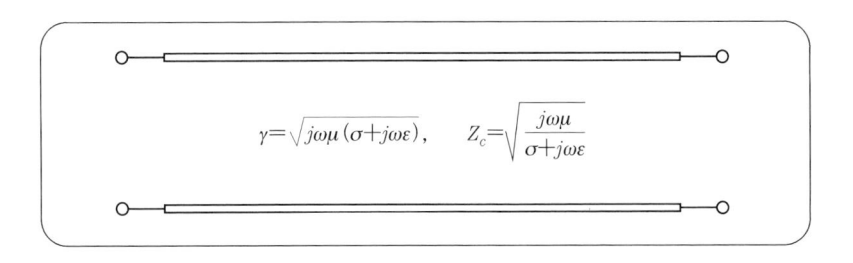

図 3.1 電磁波の等価伝送線路表示

3.3 平面波の伝搬特性

平面波の一般的な性質は 2.8 節で述べたが,ここではその伝搬特性を回路論的に調べる.

表 3.1 に示したマクスウェルの方程式と伝送線路方程式との対応関係に注意すると,非導電性媒質 ($\sigma = 0$),すなわち無損失媒質の場合,減衰定数 α,位相定数 β,位相速度 $v_p = \omega/\beta$,特性インピーダンス $Z_c = R_c + jX_c$ (R_c は特性抵抗,X_c は特性リアクタンス) は

$$\alpha = 0 \tag{3.16}$$

$$\beta = \omega\sqrt{\varepsilon\mu} = k \tag{3.17}$$

$$v_p = \frac{1}{\sqrt{\varepsilon\mu}} \tag{3.18}$$

$$R_c = \sqrt{\frac{\mu}{\varepsilon}} = Z_c \tag{3.19}$$

$$X_c = 0 \tag{3.20}$$

となる (1.7 節及び表 3.1 参照).無損失であるので,減衰はなく,位相速度 v_p,インピーダンス Z_c はそれぞれ式 (3.6) の v_w,式 (3.7) の Z_w と同じになっている.また,位相定数 β は,平面波の波数 k (式 (2.53) 参照) と等しくなっている.自由空間の場合,式 (3.18) の位相速度は真空中の**光速** (light velocity) c になり,その値は測定によって

$$c = \frac{1}{\sqrt{\varepsilon_0\mu_0}} = 2.99792458 \times 10^8 \fallingdotseq 3 \times 10^8 \quad [\text{m/s}] \tag{3.21}$$

のように定められている.また,真空中の特性インピーダンス Z_0 は**自由空間インピーダンス** (free-space impedance) と呼ばれ,次の値をもつ.

$$Z_0 = \sqrt{\frac{\mu_0}{\varepsilon_0}} = 376.73 \fallingdotseq 120\pi \quad [\Omega] \tag{3.22}$$

さて,無損失ではないが,損失が十分小さく

$$\sqrt{j\omega\mu(\sigma + j\omega\varepsilon)} \fallingdotseq j\omega\sqrt{\varepsilon\mu}\left(1 - j\frac{\sigma}{2\omega\varepsilon}\right) \tag{3.23}$$

$$\sqrt{\frac{j\omega\mu}{\sigma + j\omega\varepsilon}} \fallingdotseq \sqrt{\frac{\mu}{\varepsilon}}\left(1 + j\frac{\sigma}{2\omega\varepsilon}\right) \tag{3.24}$$

と近似できる場合には

$$\tan\delta = \frac{\sigma}{\omega\varepsilon} \tag{3.25}$$

のように定義される**損失角** (loss angle) δ を用いて

$$\alpha = \frac{\sigma}{2}\sqrt{\frac{\mu}{\varepsilon}} = \frac{\omega\sqrt{\varepsilon\mu}}{2}\tan\delta = \frac{k}{2}\tan\delta \tag{3.26}$$

$$\beta = \omega\sqrt{\varepsilon\mu} = k \tag{3.27}$$

$$v_p = \frac{1}{\sqrt{\varepsilon\mu}} \tag{3.28}$$

$$R_c = \sqrt{\frac{\mu}{\varepsilon}} \tag{3.29}$$

$$X_c = \frac{\sigma}{2\omega\varepsilon}\sqrt{\frac{\mu}{\varepsilon}} = \frac{1}{2}\sqrt{\frac{\mu}{\varepsilon}}\tan\delta \tag{3.30}$$

となる (1.7 節及び表 3.1 参照). 減衰定数 α, 特性リアクタンス X_c は 0 ではないが, 位相定数 β, 位相速度 v_p, 特性抵抗 R_c は無損失の場合と同じと考えて, 実用上問題はない.

ところで, 平面波の波長 λ は式 (2.89) で与えられるが, ここでは, z 方向に伝搬する平面波を考えているので, 波数ベクトル $\boldsymbol{k}$ の x, y, z 成分はそれぞれ $k_x = 0$, $k_y = 0$, $k_z = \beta$ となる. したがって, 平面波の伝搬方向, すなわち $\boldsymbol{k}$ 方向 (ここでは z 方向) の波長 λ は, 式 (2.90), (2.91) から

$$\lambda = \frac{2\pi}{\beta} = \frac{2\pi}{\omega}v_p = \frac{v_p}{f} \tag{3.31}$$

で与えられる. ここに f は周波数 (式 (1.26) 参照) である. 真空の場合は $v_p = 1/\sqrt{\varepsilon_0\mu_0} = c$ (式 (3.21) 参照) となるので, 式 (3.31) は

$$\lambda = \frac{c}{f} \tag{3.32}$$

と書け, これを**自由空間波長** (free-space wavelength) または単に波長という. 式 (2.54) の自由空間波数 k_0 と違って, 自由空間であることを表すための下添字 0 を, 波長には習慣的に付けないので注意する. なお, 電磁波は, 周波数 f あるいは自由空間波長 λ によって区別される. 例えば, 周波数 $f = 3 \sim 30$ GHz の電磁波はマイクロ波と呼ばれ, その波長は $\lambda = 10 \sim 1$ cm となる. また, 波長 $\lambda = 1\,\mu$m の光波の周波数は $f = 300$ THz にも及ぶ.

3.4 偏波

電磁波の電界の振動方向が，ある特定の方向に偏ることを **偏波** (polarized wave)，電磁波の伝搬方向と電界の方向とによって定まる面を **偏波面** (plane of polarization) という．

いま，無損失媒質 (導電率 $\sigma = 0$, 減衰定数 $\alpha = 0$) 中を $+z$ 方向に伝搬する式 (3.10)，(3.11) で与えられる二つの平面波を考えると，それぞれの平面波の電界 (フェーザ電界) $E_x(z) = A_x \exp(-j\beta z)$, $E_y(z) = A_y \exp(-j\beta z)$ は，時間領域において

$$E_x(z,t) = |A_x| \cos(\omega t - \beta z + \phi_x) \tag{3.33a}$$

$$E_y(z,t) = |A_y| \cos(\omega t - \beta z + \phi_y) \tag{3.33b}$$

と書ける (式 (2.41) 参照)．ここにフェーザ電界 $E_x(z)$, $E_y(z)$ の複素振幅をそれぞれ $A_x = |A_x| \exp(j\phi_x)$, $A_y = |A_y| \exp(j\phi_y)$ とおいた．また，式 (3.33) の電界をフェーザ電界と区別することなく，E_x, E_y と書くことにする．

式 (3.33) を用いて電界ベクトルの先端の軌跡を計算すると

$$\frac{E_x^2}{|A_x|^2} + \frac{E_y^2}{|A_y|^2} - 2\frac{E_x E_y}{|A_x||A_y|}\cos\phi = \sin^2\phi \tag{3.34}$$

が得られる (問 3.1 参照)．ここに ϕ は位相差であり，$\phi = \phi_y - \phi_x$ ($-\pi \leqq \phi \leqq \pi$) と定義されている．式 (3.34) は，**図 3.2** に示すような横 $2|A_x|$, 縦 $2|A_y|$ の長方形に内接する楕円を表している．このとき，一定距離 z の面内で観察すると，電界ベクトル $\boldsymbol{E}$ の先端は楕円の周上を角周波数 ω で回転することになり，このような偏波を **楕円偏波** (elliptically polarized wave) という．ここに θ, δ はそれぞれ楕円の傾き，楕円率 (軸比) を表す角度で

$$\theta = \frac{1}{2}\tan^{-1}\left(\frac{2|A_x||A_y|\cos\phi}{|A_x|^2 - |A_y|^2}\right) \quad (-\pi/2 \leqq \theta \leqq \pi/2) \tag{3.35}$$

$$\delta = \frac{1}{2}\sin^{-1}\left(\frac{2|A_x||A_y|\sin\phi}{|A_x|^2 + |A_y|^2}\right) \quad (-\pi/2 \leqq \delta \leqq \pi/2) \tag{3.36}$$

で与えられる．実際，(x, y) 座標を角度 θ だけ回転した (ξ, η) 座標を導入し，電界 E_x, E_y を ξ, η 成分 E_ξ, E_η に変換すると，式 (3.34) は

$$\frac{E_\xi^2}{A_\xi^2} + \frac{E_\eta^2}{A_\eta^2} = 1 \tag{3.37}$$

となり，長軸，短軸の長さがそれぞれ $2A_\xi$，$2A_\eta$ の楕円になっていることが分かる．

電界ベクトルの回転方向は位相差 ϕ によって異なり，**図 3.3** に示すように，光波や電波が伝搬してくる方向 (この場合は $-z$ 方向) に向かって，$0 < \phi < \pi$ のとき，**右旋楕円偏波** (right-handed polarized wave)，$-\pi < \phi < 0$ のとき，**左旋楕円偏波** (left-handed polarized wave) になる．二つの平面波の位相差 ϕ が 0，あるいは $\pm\pi$ になると，電界ベクトルの先端は直線を描くようになり，このような偏波を**直線偏波** (linearly polarized wave) という (問 3.1 参照)．また，互いの電界振幅の大きさが等しくなる ($|A_x| = |A_y|$) と，$\phi = \pi/2$，$-\pi/2$ のとき，それぞれ右旋，左旋の**円偏波** (circularly polarized wave) になる (問 3.1 参照)．なお，位相差 ϕ は直接測定できないので，測定との対応に便利な**ストークスパラメータ** (Stokes parameter) を用いて偏波状態を表すこともある (問 3.1 の解答参照)．

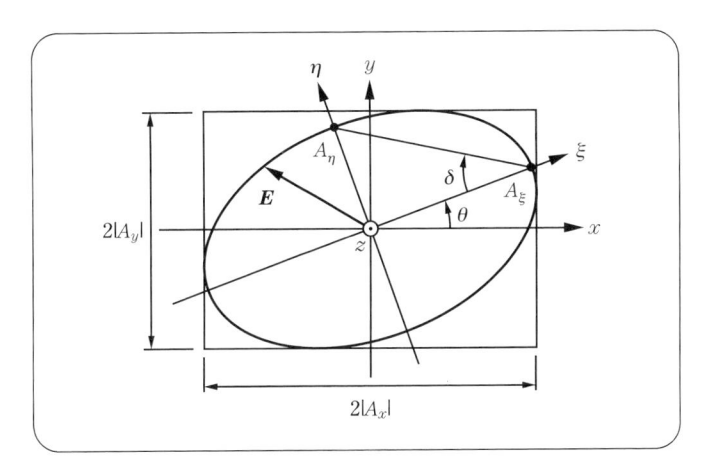

図 3.2 楕円偏波

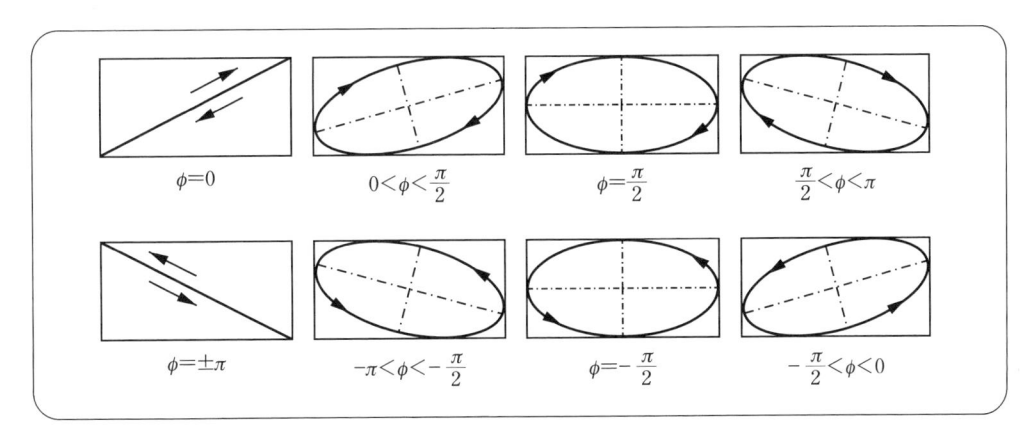

図 3.3 直線偏波と楕円偏波の回転方向

3.5 媒質境界面からの反射

誘電率 ε, 透磁率 μ, 導電率 σ が異なる二つの媒質の境界面に平面波が垂直に入射する場合を考え，こうした媒質 1, 2 が，図 3.4 に示すように，$z=0$ の境界面で接しているものとする．ここに下添字 1, 2 はそれぞれ媒質 1, 2 に関する量であることを表す．このとき，電界の x 成分のみをもつ平面波 (式 (3.10) 参照) と電界の y 成分のみをもつ平面波 (式 (3.11) 参照) の 2 種類の平面波が存在するが，伝搬定数 γ と特性インピーダンス Z_c は，いずれの平面波も同じになる (式 (3.14), (3.15) 参照)．したがって，媒質境界面に垂直に入射する平面波の反射・透過の問題は，偏波方向によらず，図 3.5 に示すような伝搬定数，特性インピーダンスが異なる二つの伝送線路を接続したときの反射・透過の問題に置き換えられることになる．

いま，接続点を $z=0$ とすると，ここから右側を見た入力インピーダンスは Z_{c2} であるので，電圧反射係数に対応する電界反射係数 $R_e \equiv R_e(0)$ は，式 (1.79) から

$$R_e = \frac{Z_{c2} - Z_{c1}}{Z_{c2} + Z_{c1}} \tag{3.38}$$

で与えられる．また，電流反射係数に対応する磁界反射係数 R_h は

$$R_h = -R_e = \frac{Z_{c1} - Z_{c2}}{Z_{c1} + Z_{c2}} \tag{3.39}$$

となる (式 (1.63b) 参照)．

接続点 $z=0$ において，電圧 $V(0)$, 電流 $I(0)$ は連続になるので，ここでの入射波振幅，透過波振幅をそれぞれ A_i, A_t とし，媒質 2 内には反射波が存在しないことに注意すると，式 (1.63) から

$$A_i(1 + R_e) = A_t \tag{3.40a}$$

$$\frac{A_i(1 - R_e)}{Z_{c1}} = \frac{A_t}{Z_{c2}} \tag{3.40b}$$

が得られる．これらから，接続点 $z=0$ における電界透過係数 $T_e = A_t/A_i$, 磁界透過係数 $T_h = (A_t/Z_{c2})/(A_i/Z_{c1})$ は

$$T_e = 1 + R_e = \frac{2Z_{c2}}{Z_{c2} + Z_{c1}} \tag{3.41}$$

$$T_h = 1 - R_e = \frac{2Z_{c1}}{Z_{c2} + Z_{c1}} \tag{3.42}$$

と求められる．

入射電力 P_i, 反射電力 P_r, 透過電力 P_t は, $A_i(A_i/Z_{c1})^*$, $R_eA_i(R_eA_i/Z_{c1})^*$, $A_t(A_t/Z_{c2})^*$ のそれぞれの実部で与えられるので，接続点 $z=0$ における電力反射係数 $R_p = P_r/P_i$, 電力透過係数 $T_p = P_t/P_i$ は, 式 (3.40) を用いると

$$R_p = |R_e|^2 \tag{3.43}$$

$$T_p = 1 - |R_e|^2 = 1 - R_p \tag{3.44}$$

となり，電力が保存されている ($P_i = P_r + P_t$) ことが分かる．なお，等価伝送線路上の電力 P_i, P_r, P_t は，いずれも伝搬方向 (z 方向) に垂直な単位面積当りの電力〔W/m²〕であることに注意する．

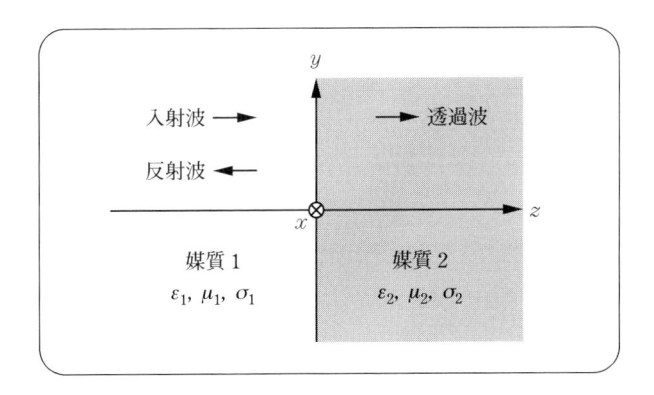

図 3.4　媒質境界面に入射する平面波の反射・透過

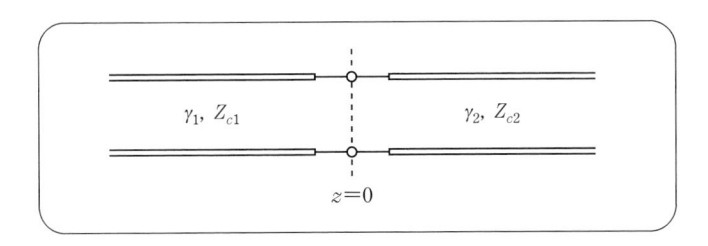

図 3.5　媒質境界面の等価回路表示

3.6 金属表面からの反射

金属表面に平面波が垂直に入射する場合を考え，**図 3.6** に示すように，金属表面の位置を $z=0$ とする．金属の導電率 σ は非常に大きく， $\sigma \gg \omega\varepsilon$ であるので，その伝搬定数 $\gamma = \alpha + j\beta$ と特性インピーダンス $Z_c = R_c + jX_c$ は

$$\sqrt{j\omega\mu(\sigma+j\omega\varepsilon)} \fallingdotseq \sqrt{j\omega\mu\sigma} = \sqrt{\frac{\omega\mu\sigma}{2}} + j\sqrt{\frac{\omega\mu\sigma}{2}} \tag{3.45}$$

$$\sqrt{\frac{j\omega\mu}{\sigma+j\omega\varepsilon}} \fallingdotseq \sqrt{j\frac{\omega\mu}{\sigma}} = \sqrt{\frac{\omega\mu}{2\sigma}} + j\sqrt{\frac{\omega\mu}{2\sigma}} \tag{3.46}$$

と近似できることに注意すると

$$\alpha = \sqrt{\frac{\omega\mu\sigma}{2}} \tag{3.47}$$

$$\beta = \sqrt{\frac{\omega\mu\sigma}{2}} \tag{3.48}$$

$$R_c = \sqrt{\frac{\omega\mu}{2\sigma}} \tag{3.49}$$

$$X_c = \sqrt{\frac{\omega\mu}{2\sigma}} \tag{3.50}$$

となる．このとき， $\sqrt{j} = \sqrt{\exp(j\pi/2)} = \exp(j\pi/4) = (1+j)/\sqrt{2}$ と書けることにも注意する．減衰定数 α と位相定数 β は非常に大きな値になるので，導体中では，電磁界は振動しながら急速に減衰し，導体内部深くまでは浸透できない．これを **表皮効果** (skin effect) という．

電界や磁界の大きさが金属表面における値の $1/e$ に減衰する距離，すなわち $\exp(-\alpha\delta) = 1/e$ となる距離 δ を **表皮の深さ** (skin depth) と呼ぶ．これは，式 (3.47) から

$$\delta = \sqrt{\frac{2}{\omega\mu\sigma}} = \sqrt{\frac{1}{\pi\mu\sigma f}} \tag{3.51}$$

で与えられる．ここに f は周波数 (式 (1.26) 参照) であり，周波数が高いほど，導電率が大きいほど，電磁界は金属中に浸透しにくくなる．導電率 σ が無限大 ($\sigma = \infty$) の完全導体で

は，$\delta = 0$ となるので，完全導体中に電磁界は存在できない．また，完全導体では，特性インピーダンス $Z_c = R_c + jX_c$ が 0 になる (式 (3.49)，(3.50) 参照) ので，金属表面における電界反射係数 R_e，磁界反射係数 R_h は，式 (3.38)，(3.39) から，$R_e = -1$，$R_h = 1$ となる．

なお，式 (3.49) で与えられる特性インピーダンスの実部 R_c は**表面抵抗** (surface resistance) と呼ばれ，習慣的に R_s と書く．この表面抵抗 R_s は，表皮の深さ δ を用いて

$$R_s = \frac{1}{\sigma\delta} \tag{3.52}$$

と表すこともできる．これは，**図 3.7** に示すような導電率 σ (抵抗率 $1/\sigma$ 〔Ω·m〕)，厚さ δ の金属板の断面積 δ 〔m〕×1 m = δ 〔m^2〕，長さ 1 m の部分の抵抗値とみなすことができ，マイクロ波帯やミリ波帯における導体損失の評価によく用いられる．

図 3.6　金属表面に入射する平面波の反射

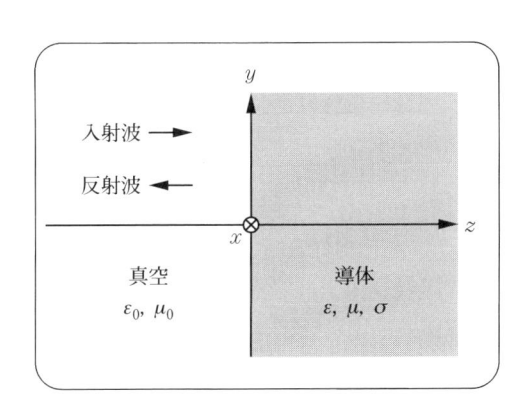

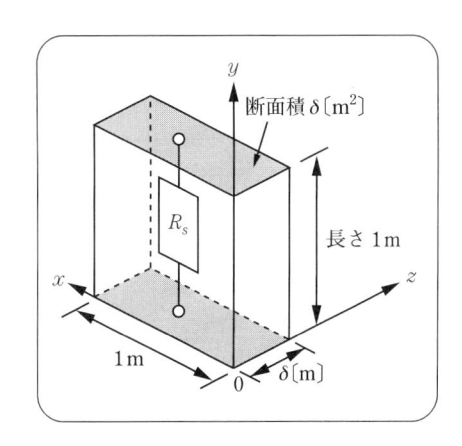

図 3.7　表面抵抗の概念

談話室

電磁遮へい　良導体である銅の導電率，透磁率はそれぞれ $\sigma = 5.8 \times 10^7$ 〔S/m〕，$\mu = \mu_0 = 4\pi \times 10^{-7}$ 〔H/m〕であるので，表皮の深さは，**商用周波数** (commercial frequency) の 50 Hz (東日本) で約 9.3 mm，60 Hz (西日本) で約 8.5 mm となる．これがマイクロ波のような高周波になると，例えば 10 GHz で約 0.66 μm となり，表皮の深さは極めて浅くなる．こうしたことから，時間的に変化する電磁界を遮へいするには，表皮の深さより厚い導体で囲めばよく，これを**電磁遮へい** (electromagnetic shielding) という．

3.7 誘電体多層膜

屈折率が異なる誘電体を，図 3.8(a) に示すように，多数積層したものを**誘電体多層膜** (dielectric multilayer) という．こうした誘電体多層膜に垂直に入射する平面波の反射・透過の問題も図 (b) に示すような分布定数回路の反射・透過の問題（等価伝送線路）に置き換えることができる．

いま，無損失誘電体 ($\sigma = 0$) を仮定し，誘電体 i ($i = 1, 2, \cdots, m$) の屈折率を n_i とすると，対応する伝送線路の位相定数 β_i，特性インピーダンス Z_{ci} は，式 (2.57)，(3.17)，(3.19) から

$$\beta_i = k_0 n_i \tag{3.53}$$

$$Z_{ci} = \frac{Z_0}{n_i} \tag{3.54}$$

で与えられる．ここに k_0, Z_0 はそれぞれ自由空間波数 (式 (2.54) 参照)，自由空間インピーダンス (式 (3.22) 参照) である．

3.5 節で述べたように，特性インピーダンスが異なる二つの媒質の境界面では，反射が生じる．例えば，屈折率 n_1 の誘電体 1 と屈折率 n_2 の誘電体 2 の境界面における電界反射係数 R_e は，$Z_{c1} = Z_0/n_1$, $Z_{c2} = Z_0/n_2$ として，式 (3.38) から

$$R_e = \frac{n_1 - n_2}{n_1 + n_2} \tag{3.55}$$

となり，屈折率が異なると，R_e に比例する反射波が生じる．ところが，**図 3.9**(a) に示すように，誘電体 2 の表面に屈折率 n_3，厚さ d が

$$n_3 = \sqrt{n_1 n_2} \tag{3.56}$$

$$d = \frac{\lambda_3}{4} \tag{3.57}$$

となるような誘電体薄膜 3 を被覆すると，誘電体 1 の内部に反射波を生じさせないようにすることができる．ここに λ_3 は誘電体 3 における平面波の波長であり，位相定数 $\beta_3 = k_0 n_3$ や自由空間波長 λ (式 (3.32) 参照) を用いると，$\lambda_3 = 2\pi/\beta_3 = \lambda/n_3$ と書ける．これを**四分の一波長整合回路** (quarter-wave matching circuit) という．式 (3.56), (3.57) の整合条

件は，図 3.9(a) に示した三層誘電体の等価伝送線路が図 (b) で与えられることに注意すると，容易に導ける (問 3.2 参照).

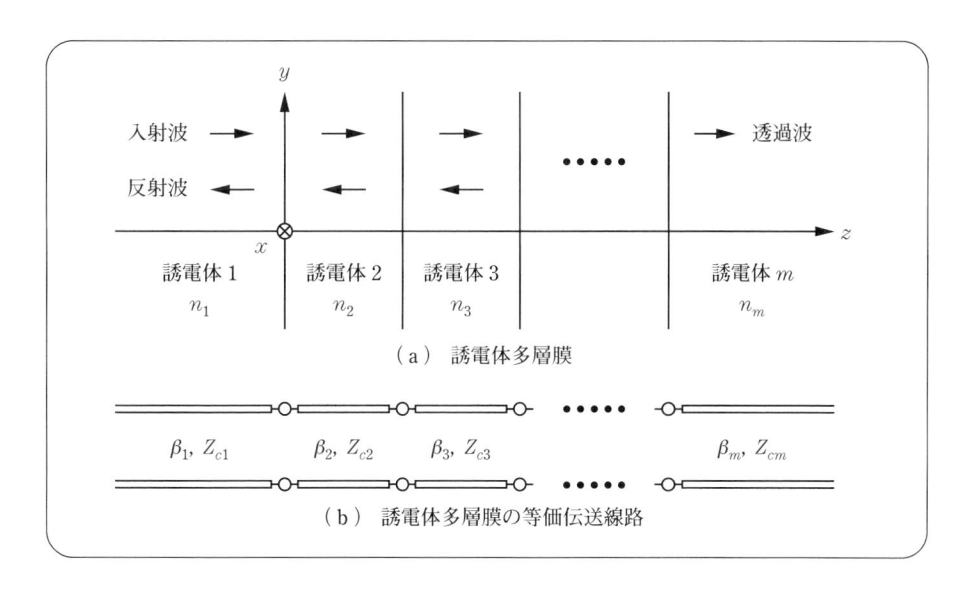

図 3.8 誘電体多層膜と，その等価伝送線路

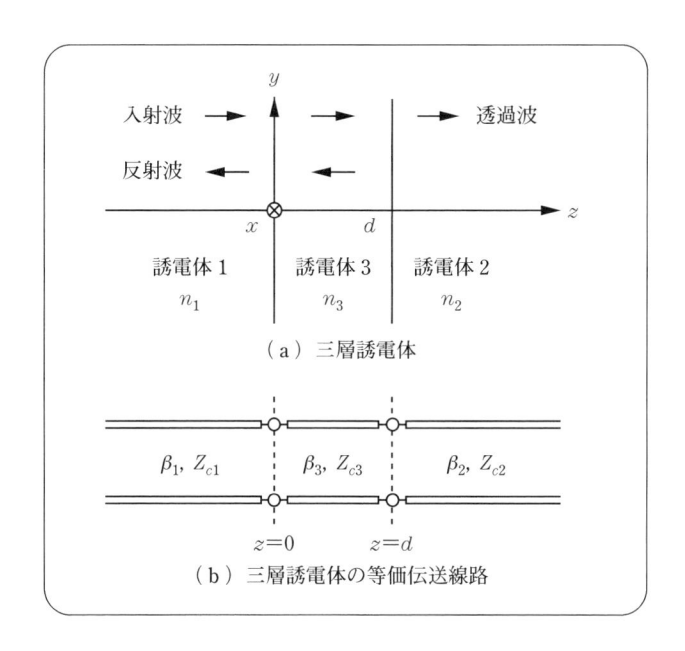

図 3.9 三層誘電体と，その等価伝送線路

3.8 TE波とTM波

屈折率 n_1, n_2 の二つの無損失誘電体の境界面に，**図 3.10** に示すように，平面波が斜入射する場合を考え，**入射角** (incident angle)，**反射角** (reflected angle)，**屈折角** (refracted angle) をそれぞれ θ_i, θ_r, θ_t とする．入射平面波，反射平面波，屈折平面波の波数ベクトルをそれぞれ $\boldsymbol{k}_i$, $\boldsymbol{k}_r$, $\boldsymbol{k}_t$ としたとき，これらの波数ベクトルの境界面に沿う方向，すなわち y 成分はすべて等しくならなければならないので，入射平面波と反射平面波の波数が $|\boldsymbol{k}_i| = |\boldsymbol{k}_r| = k_0 n_1$ で与えられ，屈折平面波の波数が $|\boldsymbol{k}_t| = k_0 n_2$ で与えられることに注意する (式 (2.57) 参照) と

$$k_0 n_1 \sin\theta_i = k_0 n_1 \sin\theta_r = k_0 n_2 \sin\theta_t \equiv k_y \tag{3.58}$$

が成り立つ (問 3.3 参照)．この式 (3.58) から

$$\theta_i = \theta_r \tag{3.59}$$

$$\frac{\sin\theta_i}{\sin\theta_t} = \frac{n_2}{n_1} \tag{3.60}$$

が得られる．すなわち，入射角と反射角は等しいという式 (3.59) の**反射の法則** (law of reflection) が成り立つ．また，入射角と屈折角の間には，式 (3.60) の**スネルの法則** (Snell law) が成り立つ．

さて，式 (3.58) に示したように，入射波，反射波，屈折波の波数ベクトルの y 成分はすべて等しいので，これを k_y とおくと，いずれの電界，磁界も $\exp(-jk_y y)$ の因子を共通にもつことになる．そこで，平面波が yz 面内を伝搬していることに注意して，$\partial/\partial x = 0$ とおき，また $\partial[\exp(-jk_y y)]/\partial y = -jk_y \exp(-jk_y y)$ であるので，$\partial/\partial y$ を $-jk_y$ に置き換えると，式 (2.42), (2.43) から

$$\frac{dE_x}{dz} = -j\omega\mu_0 H_y \tag{3.61a}$$

$$jk_y E_x = -j\omega\mu_0 H_z \tag{3.61b}$$

3.8 TE 波と TM 波

$$-jk_y H_z - \frac{dH_y}{dz} = j\omega\varepsilon_0 n^2 E_x \tag{3.61c}$$

$$-jk_y E_z - \frac{dE_y}{dz} = -j\omega\mu_0 H_x \tag{3.62a}$$

$$\frac{dH_x}{dz} = j\omega\varepsilon_0 n^2 E_y \tag{3.62b}$$

$$jk_y H_x = j\omega\varepsilon_0 n^2 E_z \tag{3.62c}$$

が得られる．ここでは，無損失誘電体を考えているので，$\varepsilon = \varepsilon_0 n^2$, $\mu = \mu_0$, $\sigma = 0$ としている．

このように，入射面に垂直な (senkrecht) 電界成分 (x 成分) をもつ式 (3.61) で与えられる平面波と，入射面に平行な (parallel) 電界成分 (y, z 成分) をもつ式 (3.62) で与えられる平面波とは互いに独立であり，それぞれ **s 偏波** (s-polarized wave), **p 偏波** (p-polarized wave) と呼ばれ，いずれも直線偏波の一種である．また，伝搬方向をある特定の方向，例えば y 方向 (あるいは z 方向) としたとき，式 (3.61), (3.62) の電磁界はそれぞれ伝搬方向の電界成分 E_y (あるいは E_z)，磁界成分 H_y (あるいは H_z) をもたないので，s 偏波，p 偏波をそれぞれ **TE 波** (transverse electric wave), **TM 波** (transverse magnetic wave) と呼ぶこともあり，ここでは，この習慣に従うことにする．

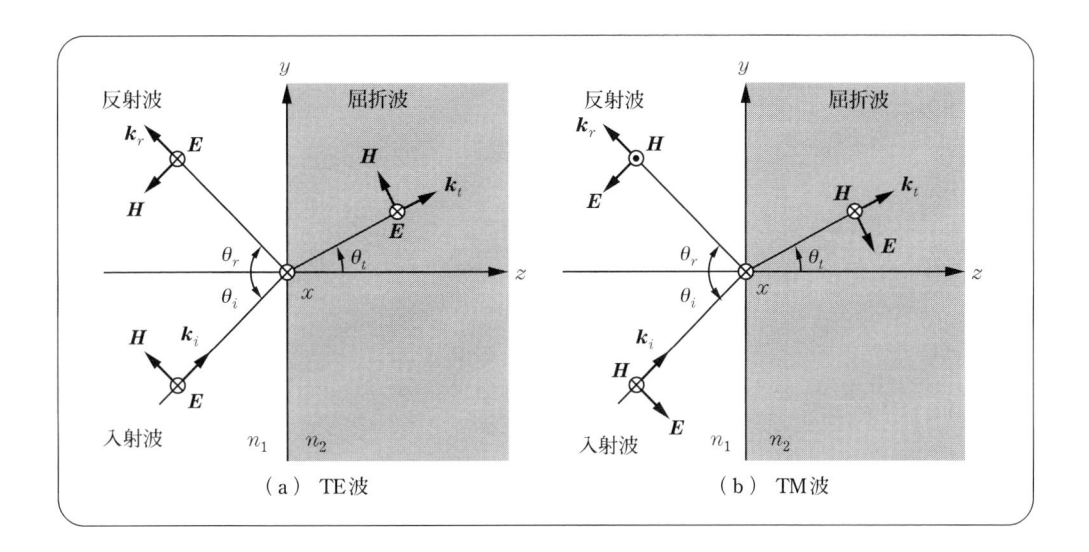

図 3.10 斜入射平面波の反射・屈折

3.9 斜入射平面波の等価伝送線路

斜入射平面波の基本式，すなわち式 (3.61), (3.62) から電磁界の z 成分 E_z, H_z を消去し，境界面での境界条件に関係する電磁界の接線成分，すなわち x, y 成分のみを残すと

$$-\frac{dE_x}{dz} = j\omega\mu_0 H_y \tag{3.63a}$$

$$-\frac{dH_y}{dz} = j\omega\left(\varepsilon_0 n^2 - \frac{k_y^2}{\omega^2\mu_0}\right)E_x \tag{3.63b}$$

$$-\frac{dE_y}{dz} = j\omega\left(\mu_0 - \frac{k_y^2}{\omega^2\varepsilon_0 n^2}\right)(-H_x) \tag{3.64a}$$

$$-\frac{d(-H_x)}{dz} = j\omega\varepsilon_0 n^2 E_y \tag{3.64b}$$

が得られる．電磁波論的諸量を，**表 3.2** に示すような形で回路論的諸量に対応させると，式 (3.63), (3.64) は式 (1.22) の伝送線路方程式と形式的に完全に一致するので，斜入射平面波に対しても，**図 3.11**, **3.12** に示すような等価伝送線路表示が可能となる．ここでは，無損失誘電体を考えているので，直列抵抗 R と並列コンダクタンス G はない．

伝搬定数 γ, 特性インピーダンス Z_c は，$k_0 n > k_y$ のとき

$$\gamma = j\beta \tag{3.65}$$

$$\beta = \sqrt{k_0^2 n^2 - k_y^2} \tag{3.66}$$

$$Z_c = \begin{cases} \dfrac{\omega\mu_0}{\beta} & \text{(TE 波)} \\ \dfrac{\beta}{\omega\varepsilon_0 n^2} & \text{(TM 波)} \end{cases} \tag{3.67}$$

となるので，TE 波，TM 波のいずれも，$+z$ 方向，$-z$ 方向に，それぞれ $\exp(-j\beta z)$, $\exp(j\beta z)$ の形で伝搬することになる．ところが，$k_0 n < k_y$ のときには

$$\gamma = \alpha \tag{3.68}$$

$$\alpha = \sqrt{k_y^2 - k_0^2 n^2} \tag{3.69}$$

$$Z_c = \begin{cases} j\dfrac{\omega\mu_0}{\alpha} & \text{(TE 波)} \\ -j\dfrac{\alpha}{\omega\varepsilon_0 n^2} & \text{(TM 波)} \end{cases} \tag{3.70}$$

となるので，TE 波，TM 波のいずれも，$+z$ 方向，$-z$ 方向に，それぞれ $\exp(-\alpha z)$，$\exp(\alpha z)$ の形で減衰する**エバネッセント波** (evanescent wave) になる．

表 3.2　斜入射平面波に対するマクスウェルの方程式（電磁波論）と伝送線路方程式（回路論）の対応

電磁波論的諸量		回路論的諸量	
TE 波	TM 波	式 (1.22)	
E_x	E_y	電　圧	V
H_y	$-H_x$	電　流	I
μ_0	$\mu_0 - \dfrac{k_y^2}{\omega^2 \varepsilon_0 n^2}$	直列インダクタンス	L
$\varepsilon_0 n^2 - \dfrac{k_y^2}{\omega^2 \mu_0}$	$\varepsilon_0 n^2$	並列容量	C

(a) 伝搬波　$\gamma = j\beta$, $Z_c = \dfrac{\omega\mu_0}{\beta}$

(b) エバネッセント波　$\gamma = \alpha$, $Z_c = j\dfrac{\omega\mu_0}{\alpha}$

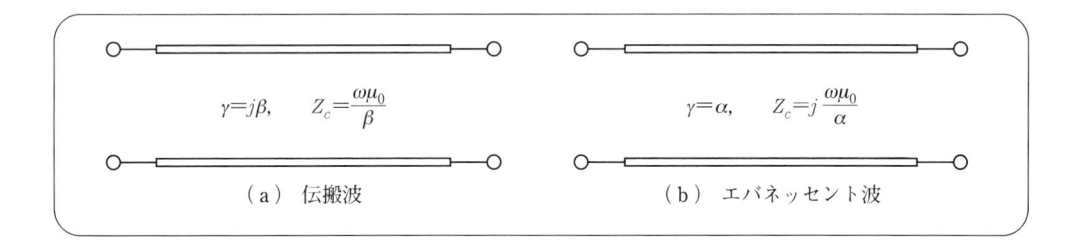

図 3.11　TE 波の等価伝送線路表示

(a) 伝搬波　$\gamma = j\beta$, $Z_c = \dfrac{\beta}{\omega\varepsilon_0 n^2}$

(b) エバネッセント波　$\gamma = \alpha$, $Z_c = -j\dfrac{\alpha}{\omega\varepsilon_0 n^2}$

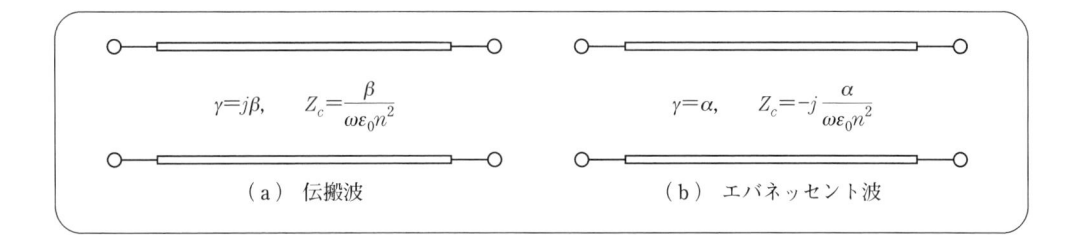

図 3.12　TM 波の等価伝送線路表示

3.10 フレネル係数

　二つの媒質 1, 2 の境界面に斜入射する平面波に対するマクスウェルの方程式も，伝送線路方程式の形で書けることが分かったので，伝送線路は，垂直入射の場合の図 3.5 に示した伝送線路と形式的に同じになる．このとき，伝搬定数は，TE 波と TM 波とで変わりはない (式 (3.65)，(3.68) 参照) が，特性インピーダンスは，偏波によって異なる (式 (3.67)，(3.70) 参照) ことに注意する．

　いま，伝搬定数が，$\gamma_1 = j\beta_1$，$\gamma_2 = j\beta_2$ のように，純虚数で与えられる場合を考え，式 (3.58)〜(3.60) を用いると，位相定数 β_1, β_2 は

$$\beta_1 = \sqrt{k_0^2 n_1^2 - k_y^2} = k_0 n_1 \cos\theta_i \tag{3.71a}$$

$$\beta_2 = \sqrt{k_0^2 n_2^2 - k_y^2} = k_0 n_1 \sqrt{\left(\frac{n_2}{n_1}\right)^2 - \sin^2\theta_i} = \frac{k_0 n_1 \sin\theta_i \cos\theta_t}{\sin\theta_t} \tag{3.71b}$$

と書ける．また，特性インピーダンス Z_{c1}, Z_{c2} は，式 (3.71) を式 (3.67) に代入し，式 (3.60) を用いると

$$Z_{c1} = \begin{cases} \dfrac{Z_0}{n_1 \cos\theta_i} & \text{(TE 波)} \\[2mm] \dfrac{Z_0 \cos\theta_i}{n_1} & \text{(TM 波)} \end{cases} \tag{3.72a}$$

$$Z_{c2} = \begin{cases} \dfrac{Z_0}{n_1 \sqrt{(n_2/n_1)^2 - \sin^2\theta_i}} = \dfrac{Z_0 \sin\theta_t}{n_1 \sin\theta_i \cos\theta_t} & \text{(TE 波)} \\[3mm] \dfrac{Z_0 n_1 \sqrt{(n_2/n_1)^2 - \sin^2\theta_i}}{n_2^2} = \dfrac{Z_0 \sin\theta_t \cos\theta_t}{n_1 \sin\theta_i} & \text{(TM 波)} \end{cases} \tag{3.72b}$$

となる．ここに Z_0 は自由空間インピーダンス (式 (3.22) 参照) である．

　電界反射係数 R_e，電界透過係数 T_e は，式 (3.38)，(3.41) をそのまま利用することができ，屈折率 n_1, n_2 と入射角 θ_i を用いて表すと

$$R_e = \begin{cases} \dfrac{\cos\theta_i - \sqrt{(n_2/n_1)^2 - \sin^2\theta_i}}{\cos\theta_i + \sqrt{(n_2/n_1)^2 - \sin^2\theta_i}} & \text{(TE 波)} \\ \dfrac{-(n_2/n_1)^2 \cos\theta_i + \sqrt{(n_2/n_1)^2 - \sin^2\theta_i}}{(n_2/n_1)^2 \cos\theta_i + \sqrt{(n_2/n_1)^2 - \sin^2\theta_i}} & \text{(TM 波)} \end{cases} \quad (3.73)$$

$$T_e = \begin{cases} \dfrac{2\cos\theta_i}{\cos\theta_i + \sqrt{(n_2/n_1)^2 - \sin^2\theta_i}} & \text{(TE 波)} \\ \dfrac{2\sqrt{(n_2/n_1)^2 - \sin^2\theta_i}}{(n_2/n_1)^2 \cos\theta_i + \sqrt{(n_2/n_1)^2 - \sin^2\theta_i}} & \text{(TM 波)} \end{cases} \quad (3.74)$$

となる．このとき，TM 波の反射・透過係数は，等価伝送線路上の電圧に対応させた電界の y 成分 E_y に関するものである．TM 波には，このほかにも電界の z 成分 E_z があるので，電界振幅 E そのものに関する反射・透過係数を求めるには，z 軸から角度 θ だけ傾いた方向に伝搬する平面波の電界の y 成分が $E_y = E\cos\theta$ で与えられる (図 3.10 参照) ことに注意し，$(\cos\theta_i/\cos\theta_r)R_e$, $(\cos\theta_i/\cos\theta_t)T_e$ としたものを改めて電界反射係数 R_e, 電界透過係数 T_e とみなせばよい．ただし，入射角 θ_i と反射角 θ_r は等しいので，実際に変更が必要なのは電界透過係数だけであり，次式となる．

$$T_e = \dfrac{2(n_2/n_1)\cos\theta_i}{(n_2/n_1)^2 \cos\theta_i + \sqrt{(n_2/n_1)^2 - \sin^2\theta_i}} \quad \text{(TM 波)} \quad (3.75)$$

なお，電界振幅に関する反射・透過係数を，入射角 θ_i と透過角 θ_t を用いて書き直すと

$$R_e = \begin{cases} -\dfrac{\sin(\theta_i - \theta_t)}{\sin(\theta_i + \theta_t)} & \text{(TE 波)} \\ -\dfrac{\tan(\theta_i - \theta_t)}{\tan(\theta_i + \theta_t)} & \text{(TM 波)} \end{cases} \quad (3.76)$$

$$T_e = \begin{cases} \dfrac{2\cos\theta_i \sin\theta_t}{\sin(\theta_i + \theta_t)} & \text{(TE 波)} \\ \dfrac{2\cos\theta_i \sin\theta_t}{\sin(\theta_i + \theta_t)\cos(\theta_i - \theta_t)} & \text{(TM 波)} \end{cases} \quad (3.77)$$

となり，これらを**フレネル係数** (Fresnel coefficient) という．このとき，TM 波の透過係数については，式 (3.75) を用いていることに注意する．

3.11 全反射とブルースター角

斜入射の場合 (図 3.10 参照) の入射側,すなわち媒質 1 における位相定数 β_1 は,式 (3.71a) から分かるように実数である.これに対して,式 (3.71b) の媒質 2 における位相定数 β_2 は

$$\theta_c = \sin^{-1}\left(\frac{n_2}{n_1}\right) \tag{3.78}$$

のように定義される角度 θ_c を用いると

$$\beta_2 = \begin{cases} k_0 n_1 \sqrt{\left(\dfrac{n_2}{n_1}\right)^2 - \sin^2\theta_i} & (\theta_i < \theta_c) \\ -jk_0 n_1 \sqrt{\sin^2\theta_i - \left(\dfrac{n_2}{n_1}\right)^2} = -j\alpha_2 & (\theta_i > \theta_c) \end{cases} \tag{3.79}$$

となる.すなわち,$\theta_i < \theta_c$ のとき,β_2 は実数であるので,屈折波は $+z$ 方向に伝搬できるが,$\theta_i > \theta_c$ では,β_2 が純虚数 $-j\alpha_2$ (α_2 は減衰定数) になるので,屈折波の z 方向依存性は

$$\exp(-j\beta_2 z) = \exp\left[-k_0 n_1 \sqrt{\sin^2\theta_i - \left(\frac{n_2}{n_1}\right)^2} z\right] = \exp(-\alpha_2 z) \tag{3.80}$$

となる.これは,境界面から離れるに従って,振幅が指数関数的に減衰することを意味している.こうしたことから,式 (3.78) で与えられる θ_c を**臨界角** (critical angle) という.

電力反射係数 R_p,電力透過係数 T_p は,伝搬方向 (z 方向) に垂直な xy 面内の電磁界,すなわち等価伝送線路上の電圧,電流に対応させた電磁界を用いて計算されることに注意すると,式 (3.73), (3.74) の電界反射・透過係数に対して,3.5 節の諸関係式がそのまま成り立つことになり,次式となる.

$$R_p = \begin{cases} |R_e|^2 & (\theta_i < \theta_c) \\ 1 & (\theta_i > \theta_c) \end{cases} \tag{3.81}$$

$$T_p = \begin{cases} 1 - |R_e|^2 & (\theta_i < \theta_c) \\ 0 & (\theta_i > \theta_c) \end{cases} \tag{3.82}$$

式 (3.78) から分かるように，臨界角は $n_1 > n_2$ の場合に存在し，$n_1 < n_2$ の場合には存在しない．すなわち，光波や電波が屈折率 (誘電率) の大きな媒質から小さな媒質に向かって入射する場合には，入射角が臨界角よりも大きくなると，電力透過係数は 0 になり，すべて反射される．このような状況を**全反射** (total reflection) という．光ファイバなどの誘電体導波路では，多重の反射によって光を導いている．

ところで，TM 波の場合に限り，入射角が

$$\theta_B = \tan^{-1}\left(\frac{n_2}{n_1}\right) \tag{3.83}$$

のような角度 θ_B に等しくなると，反射係数は 0 になり，光波や電波は無反射で境界面を通過できる．このときの入射角 θ_B は**ブリュースター角** (Brewster angle) と呼ばれ，偏波の弁別や無反射窓などに利用される．

電界振幅に関する反射・透過係数 (式 (3.76)，(3.77) 参照) を，$n_1 = 1.0$, $n_2 = 1.5$, あるいは $n_1 = 1.5$, $n_2 = 1.0$ として，図 **3.13** に示す．図 (a) では，$n_1 < n_2$ であるから，臨界角は存在せず，ブリュースター角は $\theta_B = 56.3°$ である．図 (b) では，臨界角は $\theta_c = 41.8°$ であり，ブリュースター角は $\theta_B = 33.7°$ である．なお，電力反射・透過係数は，式 (3.81)，(3.82) から計算される (問 3.4 参照)．

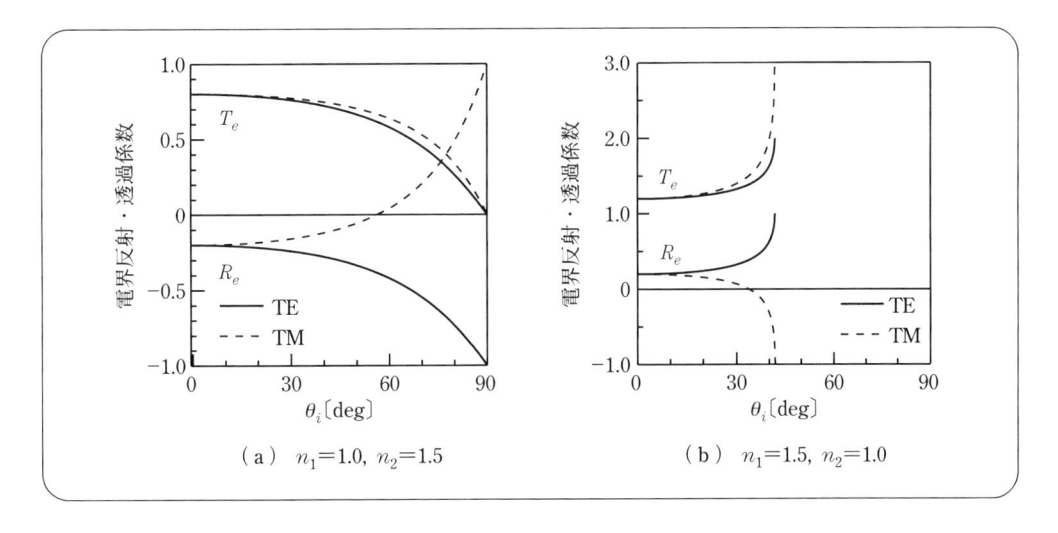

図 3.13 電界反射・透過係数

76   3. 反射と透過

3.12 グース–ヘンシェンシフト

　全反射状態においては，反射係数の大きさが1であっても，その位相は0ではない．すなわち，入射角 θ_i が臨界角 θ_c よりも大きくなったときの屈折波の位相定数 β_2 が式 (3.79) の下段の式で与えられることに注意すると，電界反射係数 R_e は，式 (3.73) から

$$R_e = \exp(j\phi) \tag{3.84}$$

と書ける．ここに位相 ϕ は，偏波によって異なり，屈折率 n_1, n_2 と入射角 θ_i，あるいは平面波の波数 $k_0 n_1, k_0 n_2$ と y 方向の波数 k_y (式 (3.58) 参照) を用いて表すと

$$\phi = \begin{cases} 2\tan^{-1}\left[\dfrac{\sqrt{\sin^2\theta_i - (n_2/n_1)^2}}{\cos\theta_i}\right] = 2\tan^{-1}\left(\dfrac{\sqrt{k_y^2 - k_0^2 n_2^2}}{\sqrt{k_0^2 n_1^2 - k_y^2}}\right) & \text{(TE 波)} \\[2ex] 2\tan^{-1}\left[\dfrac{\sqrt{\sin^2\theta_i - (n_2/n_1)^2}}{(n_2/n_1)^2 \cos\theta_i}\right] = 2\tan^{-1}\left(\dfrac{n_1^2 \sqrt{k_y^2 - k_0^2 n_2^2}}{n_2^2 \sqrt{k_0^2 n_1^2 - k_y^2}}\right) & \text{(TM 波)} \end{cases}$$
$$\tag{3.85}$$

となる (問 3.5 参照)．

　いま，y 方向の波数 k_y が，$k_y + \Delta k_y, k_y - \Delta k_y$ のように，わずかに異なる ($\Delta k_y \ll k_y$) 等振幅 E_0 の二つの平面波を考え，これらの平面波が，**図 3.14** に示すような二つの媒質の境界面に斜入射するものとすると，境界面 $z = 0$ における入射波電界 $E_i(y, z = 0)$ は，これらの平面波の重ね合わせとして

$$E_i(y, z = 0) = E_0 \exp\left[-j(k_y + \Delta k_y)y\right] + E_0 \exp\left[-j(k_y - \Delta k_y)y\right]$$
$$= 2E_0 \cos(\Delta k_y y) \exp(-j k_y y) \tag{3.86}$$

と書ける．このとき，オイラーの恒等式を用いている．全反射状態での電界反射係数は式 (3.84) で与えられ，その位相 ϕ は k_y の関数である (式 (3.85) 参照) ので，波数 $k_y \pm \Delta k_y$ に対する位相 $\phi(k_y \pm \Delta k_y)$ は

$$\phi(k_y \pm \Delta k_y) = \phi(k_y) \pm \frac{\partial \phi}{\partial k_y}\Delta k_y \tag{3.87}$$

となる．したがって，反射波電界 $E_r(y, z=0)$ は，ここでもオイラーの恒等式を用いると

$$\begin{aligned}E_r(y,z=0) &= E_0 \exp\left[-j(k_y + \Delta k_y)y\right]\exp\left[j\phi(k_y) + j\frac{\partial \phi}{\partial k_y}\Delta k_y\right]\\&\quad + E_0 \exp\left[-j(k_y - \Delta k_y)y\right]\exp\left[j\phi(k_y) - j\frac{\partial \phi}{\partial k_y}\Delta k_y\right]\\&= 2E_0 \cos\left[\Delta k_y\left(y - \frac{\partial \phi}{\partial k_y}\right)\right]\exp\left[j\phi(k_y)\right]\exp\left(-jk_y y\right)\end{aligned} \tag{3.88}$$

となり，反射点が

$$\Delta y = \frac{\partial \phi}{\partial k_y} \tag{3.89}$$

だけシフトすることが分かる．これを**グース–ヘンシェンシフト** (Goos-Hanchen shift) という (問 3.5 参照)．このとき，入射波の一部は，図 3.14 に示すように，境界面からわずかな距離 Δz だけエバネッセント波の形で減衰しながら媒質 2 中に浸透し，再び媒質 1 に戻ってくる．このエバネッセント波の浸透深さ Δz は次式で与えられる．

$$\Delta z = \frac{\Delta y}{2\tan\theta_i} \tag{3.90}$$

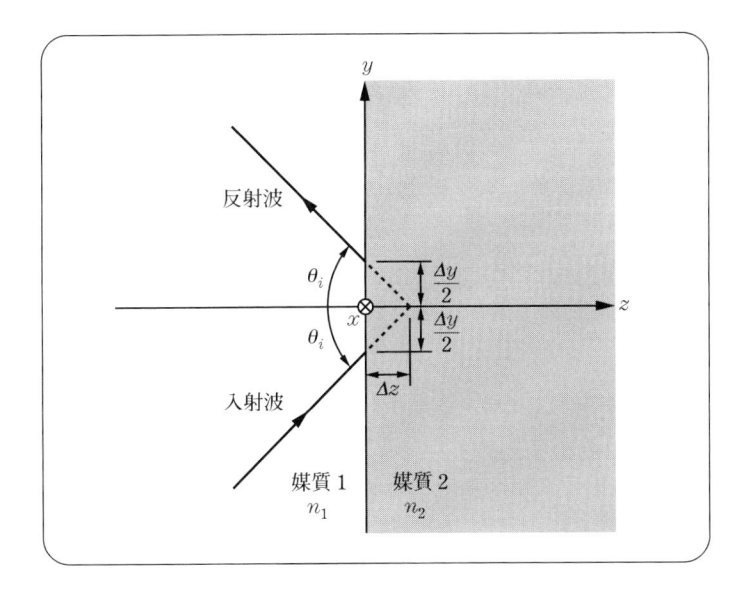

図 3.14 グース–ヘンシェンシフトの概念

本章のまとめ

❶ **円偏波**　電界ベクトルの先端の軌跡が，電磁波の伝搬方向に垂直な面内で円となる偏波．

❷ **直線偏波**　電界ベクトルの方向と電磁波の伝搬方向が，常に一定平面内にある偏波．

❸ **TE 波 (s 偏波)**　電界ベクトルの方向が入射面に垂直な直線偏波．

❹ **TM 波 (p 偏波)**　電界ベクトルの方向が入射面に平行な直線偏波．

❺ **フレネル係数**　電磁波が 2 媒質境界に入射したときの反射係数と透過係数の総称．

❻ **全反射**　電磁波が屈折率 (誘電率) の大きな媒質から小さな媒質に入射したとき，入射波のエネルギーがすべて反射される現象．

❼ **臨界角**　全反射が生じる最小の入射角．

❽ **エバネッセント波**　電磁波が 2 媒質境界で全反射したとき，振幅が境界面からの距離とともに指数関数的に減衰する透過側媒質中の波．

❾ **グース–ヘンシェンシフト**　電磁波が 2 媒質境界で全反射したときの境界面における入射位置と反射位置のずれ．

❿ **ブルースター角**　電磁波が 2 媒質境界に入射したとき，無反射となる TM 波 (p 偏波) に対してのみ存在する入射角．

●理解度の確認●

問 3.1　式 (3.34)，(3.37) を導け．また，直線偏波は，振幅の等しい右旋，左旋の二つの偏波に分解できることを示せ．

問 3.2　四分の一波長整合回路の整合条件，すなわち式 (3.56)，(3.57) を導け．

問 3.3　式 (3.58) を導け．

問 3.4　図 3.13 に対応する電力反射・透過係数を図示せよ．

問 3.5　電界反射係数の位相量とグース–ヘンシェンシフト量を，$n_1 = 1.5$ とし，$n_2 = 1.0$，1.2，1.4 のそれぞれの場合について図示せよ．

4 干渉と回折

　波動には,互いに強め合ったり,あるいは弱め合ったりする干渉や,幾何光学的な影の内側にまで回り込んで伝搬する回折といった特異な現象が現れる.

　本章では,2波干渉や多重干渉によって,干渉縞が生じることを知るとともに,回折現象の解析に必要な回折公式を導出し,フレネル回折とフラウンホーファー回折の違いについて学習する.更に,半無限平板のエッジ,スリット,アレー状スリット,方形開口,円形開口による回折波を具体的に計算し,理解を深める.

4.1 2 波 干 渉

　屈折率 n の一様媒質中を伝搬する二つの平面波 1, 2 を考え，**図 4.1**(a) に示すように，これらの平面波の波数ベクトル k_1, k_2 のなす角度を 2θ とし，$\theta = 0$ のとき，いずれの平面波も $+z$ 方向に伝搬することになるものとする．ここに波数ベクトルの向きに垂直な実線，破線は等位相面を表しており，実線と破線の間隔は，自由空間波長を λ として，半波長 $\lambda/(2n)$ ごとに示してある．実線を正弦波の山の部分に対応させ，破線を正弦波の谷の部分に対応させると，○印で示した山と山，あるいは谷と谷の位置では，二つの平面波は互いに強め合い，●印で示した山と谷の位置では，逆に弱め合う．こうした現象を**干渉** (interference) という．この結果，図 (b) に示すような**干渉縞**(interference fringes) が形成される．

　さて，波数ベクトルの大きさ $|k_1|$, $|k_2|$ が，自由空間波数を k_0 (式 (2.54) 参照)，周波数を f (式 (1.26), (3.32) 参照)，光速を c として

$$|k_1| = |k_2| = k = k_0 n = \frac{2\pi n}{\lambda} = \frac{2\pi f n}{c} \tag{4.1}$$

で与えられることに注意すると，波数ベクトル k_1, k_2 は

$$k_1 = (k\sin\theta)i_y + (k\cos\theta)i_z, \qquad k_2 = -(k\sin\theta)i_y + (k\cos\theta)i_z \tag{4.2}$$

と書ける．このとき，TE 波 (s 偏波) と TM 波 (p 偏波) とが存在する (3.8 節参照) が，境界のない無限媒質中では，いずれも同じ性質をもつので，ここでは TE 波を取り扱うことにすると，平面波 1, 2 の電界 E_1, E_2 は，$E_1 = \Phi_1 i_x$, $E_2 = \Phi_2 i_x$ のように，x 成分 Φ_1, Φ_2 のみをもつ．これらの Φ_1, Φ_2 は，いずれも式 (2.92) のヘルムホルツ方程式を満たしているが，波数ベクトル k_1, k_2 が式 (4.2) で与えられるので，位置ベクトルを r とすると，具体的に

$$\Phi_1 = A_1 \exp(-j k_1 \cdot r) = A_1 \exp[-j(k\sin\theta)y] \exp[-j(k\cos\theta)z] \tag{4.3a}$$

$$\Phi_2 = A_2 \exp(-j k_2 \cdot r) = A_2 \exp[j(k\sin\theta)y] \exp[-j(k\cos\theta)z] \tag{4.3b}$$

と書ける．ここに A_1, A_2 は複素振幅であり，これらの大きさを $|A_1|$, $|A_2|$，位相を ϕ_1, ϕ_2 として，$A_1 = |A_1|\exp(j\phi_1)$, $A_2 = |A_2|\exp(j\phi_2)$ とおくことにする．

いま，平面波 1, 2 を合成すると，合成波の電界成分は $\Phi = \Phi_1 + \Phi_2$ で与えられる．平面波のポインティングベクトルが式 (2.88) で与えられることに注意すると，$|\Phi|^2$ は空間の任意の位置における単位時間当りのエネルギー (電力)，すなわち波の強度 I に比例した量になり，式 (4.3) とオイラーの恒等式を用いると

$$|\Phi|^2 = |\Phi_1 + \Phi_2|^2 = |A_1|^2 + |A_2|^2 + 2|A_1||A_2|\cos\phi \tag{4.4}$$

と求められる．ここに ϕ は

$$\phi = (2k\sin\theta)y - \phi_1 + \phi_2 \tag{4.5}$$

で与えられる．平面波 1, 2 の強度は $I_1 \propto |\Phi_1|^2 = |A_1|^2$, $I_2 \propto |\Phi_2|^2 = |A_2|^2$ となるので，合成波の強度 $I \propto |\Phi|^2$ は

$$I = I_1 + I_2 + 2\sqrt{I_1 I_2}\cos\phi \tag{4.6}$$

と書ける．この右辺の第 1 項，第 2 項は空間的に一様な強度分布に対応し，第 3 項が干渉を表す成分で，これによって，合成波の強度が，図 4.1 (c) に示すように，y 方向に周期的に変化する．この合成波の強度が最大になる位置 $y = y_m$ は，式 (4.5), (4.6) から

$$(2k\sin\theta)y_m - \phi_1 + \phi_2 = 2m\pi \quad (m = 0, \pm 1, \pm 2, \cdots) \tag{4.7}$$

で与えられるので，干渉縞の周期 Λ は，式 (4.1) を用いると次式となる (問 4.1 参照)．

$$\Lambda = y_{m+1} - y_m = \frac{\pi}{k\sin\theta} = \frac{\lambda}{2n\sin\theta} \tag{4.8}$$

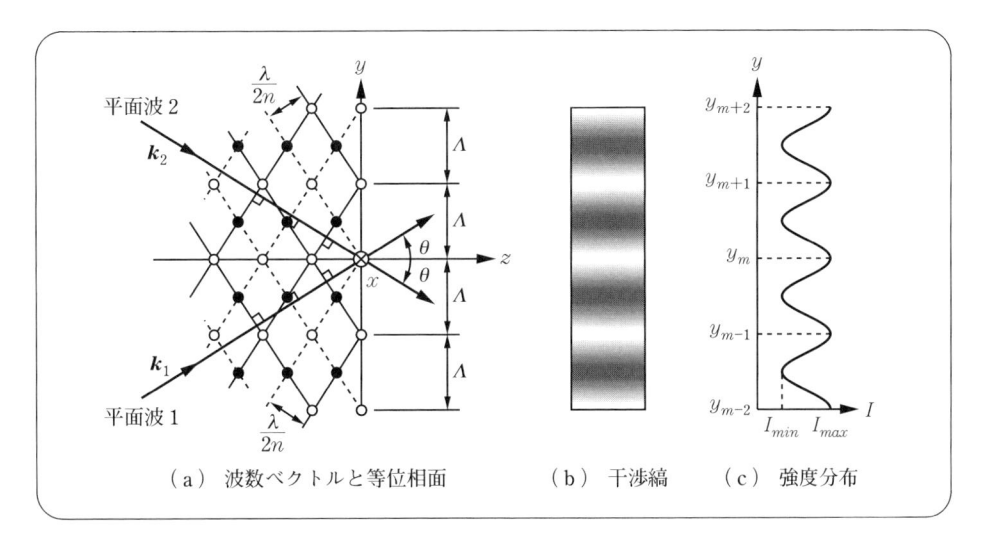

図 4.1 2 波 干 渉

4.2 可視度

干渉縞の明暗のコントラストを表すのに

$$V = \frac{I_{max} - I_{min}}{I_{max} + I_{min}} \tag{4.9}$$

のように定義される**可視度** (visibility) が用いられる．ここに I_{max}, I_{min} はそれぞれ合成波の強度分布の最大値，最小値である (図 4.1(c) 参照)．可視度 V は 0 から 1 までの範囲の値をとり，1 のとき，最もコントラストの良い干渉縞が得られる．

さて，合成波の強度分布の最大値 I_{max}，最小値 I_{min} は，式 (4.6) から

$$I_{max} = (\sqrt{I_1} + \sqrt{I_2})^2, \qquad I_{min} = (\sqrt{I_1} - \sqrt{I_2})^2 \tag{4.10}$$

で与えられるので，可視度 V は

$$V = \frac{2\sqrt{I_1 I_2}}{I_1 + I_2} \tag{4.11}$$

と書くこともできる．**図 4.2** は，二つの平面波の強度の和 $I_1 + I_2$ で規格化した合成波の強度分布 I，すなわち相対強度分布を，強度比の値を $I_2/I_1 = 1, 0.1, 0.01$ として示したものである．強度比が $I_2/I_1 = 1$ のとき，$I_{min} = 0$ となるので，可視度は $V = 1$ となり，最もコントラストの良い干渉縞が得られる．強度比が小さく，例えば $I_2/I_1 = 0.1$ であっても，可視度は $V = 0.575$ となり，それほどコントラストは劣化しない．

ここで，多数の平面波が干渉する場合を考えてみる．簡単のために，N 個の平面波が，図 4.1 に示した波数ベクトル $\mathbf{k}_1$ の方向に伝搬し，複素振幅 A_i ($i = 1, 2, \cdots, N$) の大きさはすべて等しく，$|A_i| = |A|$ で与えられ，またその位相 ϕ_i は $\phi_i = (i-1)\phi$ で与えられるものとすると，合成波の電界成分は

$$\Phi = \sum_{i=1}^{N} \Phi_i = \sum_{i=1}^{N} |A| \exp(j\phi_i) \exp[-j(k\sin\theta)y] \exp[-j(k\cos\theta)z] \tag{4.12}$$

となる．したがって，合成波の強度分布 I は，それぞれの平面波の強度が $I_i \propto |\Phi_i|^2 = |A|^2$ となることから，$I_i \equiv I_0$ として

$$I = I_0 \left| \sum_{i=1}^{N} \exp[j(i-1)\phi] \right|^2 = I_0 \frac{\sin^2(N\phi/2)}{\sin^2(\phi/2)} \tag{4.13}$$

で与えられる (問 4.2 参照). **図 4.3** は, N 個の平面波の強度の和 NI_0 で規格化した合成波の強度分布 I, すなわち相対強度分布を, $N = 2, 4, 8$ として示したものである. 合成波の強度は, $\phi = 2m\pi$ $(m = 0, \pm1, \pm2, \cdots)$ のとき最大となり, $I_{max} = N^2 I_0$ となる. また, $\phi = 2m\pi + 2m'\pi/N$ $(m' = 1, 2, \cdots, N-1)$ のとき最小となり, $I_{min} = 0$ となる. なお, **図 4.4** に一つの平面波による多重干渉の相対強度分布を透過率で示す (次節参照).

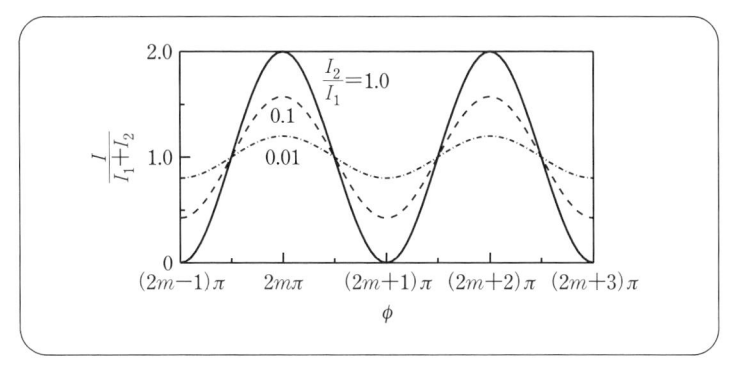

図 4.2 2 波干渉の相対強度分布

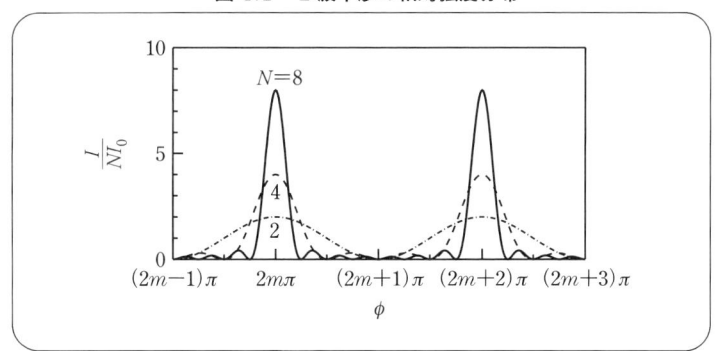

図 4.3 多波干渉の相対強度分布

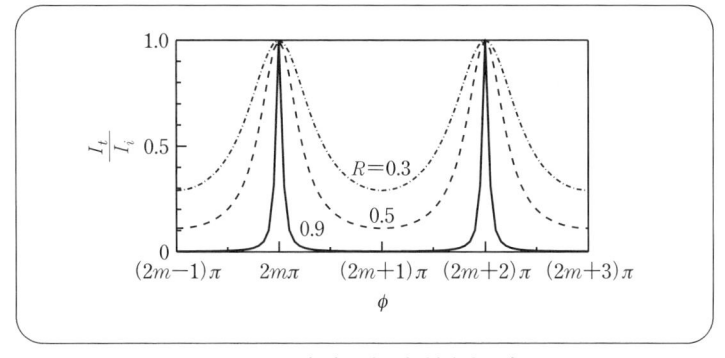

図 4.4 多重干渉の相対強度分布

4.3 多重干渉

屈折率 n_1 の媒質中に，屈折率 n_2，厚さ d の板状誘電体が，**図 4.5** に示すように，その板面が z 軸に垂直になるように置かれている．この誘電体板に，平面波が，$z \leq 0$ の領域から角度 θ_i で入射するものとすると，入射波の一部は反射され，残りは

$$\theta_t = \sin^{-1}\left(\frac{n_1}{n_2}\sin\theta_i\right) \tag{4.14}$$

で与えられる角度 θ_t の方向に屈折する (式 (3.60) 参照)．屈折率 n_2 の誘電体板中に入った平面波は，その後，屈折率 n_1 の媒質との境界面 ($z = 0, d$) で反射，透過を繰り返す．このため，入射側 ($z \leq 0$)，出射側 ($z \geq d$) の領域では，無数の平面波が干渉することになり，こうした干渉を**多重干渉** (multiple interference) という．

さて，この多重干渉は，斜入射平面波の反射，透過の問題にほかならないので，多重干渉に対しても，**図 4.6** に示すような等価伝送線路表示が可能となる (3.9 節参照)．ここに位相定数 β_i，特性インピーダンス Z_{ci} はそれぞれ式 (3.66)，(3.67) で与えられている．反射率，透過率は，入射波強度を I_i，反射波強度を I_r，透過波強度を I_t として，それぞれ I_r/I_i, I_t/I_i と定義されるが，反射率 I_r/I_i は電力反射係数に対応し，透過率 I_t/I_i は電力透過係数に対応することに注意すると，これらは，図 4.6 の等価伝送線路表示から，容易に

$$\frac{I_r}{I_i} = \frac{4R\sin^2(\phi/2)}{(1-R)^2 + 4R\sin^2(\phi/2)} \tag{4.15}$$

$$\frac{I_t}{I_i} = 1 - \frac{I_r}{I_i} = \frac{(1-R)^2}{(1-R)^2 + 4R\sin^2(\phi/2)} \tag{4.16}$$

と求められる (問 4.3 参照)．ここに R は屈折率 n_1, n_2 の二つの媒質の境界面における反射率であり，鏡面反射率とも呼ばれ

$$R = \left(\frac{Z_{c2} - Z_{c1}}{Z_{c2} + Z_{c1}}\right)^2 \tag{4.17}$$

で与えられる．また，式 (4.15), (4.16) 中の位相 ϕ は，y 方向の位相定数を k_y として

$$\phi = 2\beta_2 d = 2\sqrt{k_0^2 n_2^2 - k_y^2}\, d = 2k_0 n_2 d \cos\theta_t \tag{4.18}$$

で与えられる．

ところで，透過率が最大，すなわち $I_t/I_i = 1$ となる位相 $\phi = \phi_m$ は，$\phi_m = 2m\pi$ ($m = 0, \pm 1, \pm 2, \cdots$) で与えられる．透過率が最大となる周波数間隔 Δf_{FSR} は**自由スペクトルレンジ** (free spectrum range: FSR) と呼ばれ，この FSR は，式 (4.18) から

$$\Delta f_{FSR} = \frac{c}{2n_2 d \cos\theta_t} \tag{4.19}$$

と書ける (問 4.3 参照)．また，透過率の**半値全幅** (full width at half maximum: FWHM) Δf_{FWHM} は，式 (4.1), (4.16), (4.18) から

$$\Delta f_{FWHM} = \frac{c}{\pi n_2 d \cos\theta_t} \sin^{-1} \frac{1-R}{2\sqrt{R}} \tag{4.20}$$

と書ける (問 4.3 参照)．更に，FSR と FWHM との比 F は**フィネス** (finesse) と呼ばれ，鏡面反射率が $R \fallingdotseq 1$ のとき，次式で与えられる．

$$F = \frac{\Delta f_{FSR}}{\Delta f_{FWHM}} \fallingdotseq \frac{\pi\sqrt{R}}{1-R} \tag{4.21}$$

前節の図 4.4 は，多重干渉の透過率 I_t/I_i を，鏡面反射率の値を $R = 0.3, 0.5, 0.9$ として示したものである．鏡面反射率が大きくなるほど，フィネスも大きくなり，周波数特性は急峻になる．このような性質を利用したものに**ファブリ–ペロー干渉計** (Fabry-Perot interferometer) があり，光波の周波数スペクトル分析などに応用されている．

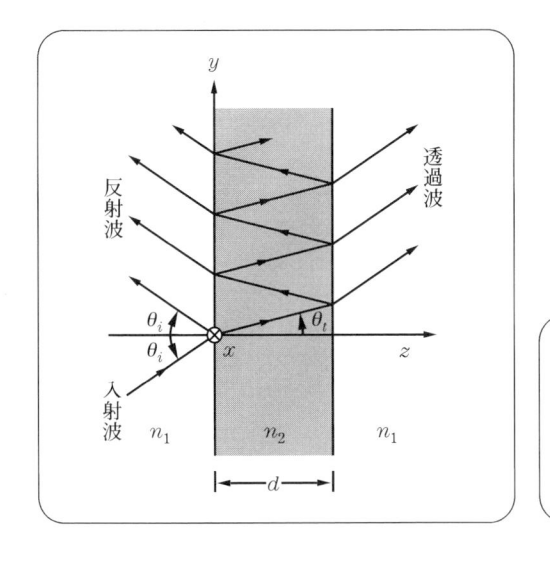

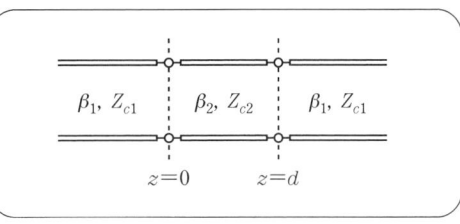

図 4.5　多重干渉の原理

図 4.6　多重干渉の等価伝送線路表示

4.4 うなり(ビート)

　屈折率 n の一様媒質中を伝搬する二つの平面波 1, 2 の角周波数が，これまでのように同じではなく，ω_1, ω_2 ($\omega_1 \fallingdotseq \omega_2$，$\omega_1 > \omega_2$) と，わずかに異なる場合を考える．これらの平面波の波数ベクトルの大きさ $|\boldsymbol{k}_1|, |\boldsymbol{k}_2|$ は，角周波数が異なるので，式 (4.1) のように等しくはならず

$$|\boldsymbol{k}_1| = \frac{\omega_1 n}{c} = k_1 \tag{4.22a}$$

$$|\boldsymbol{k}_2| = \frac{\omega_2 n}{c} = k_2 \tag{4.22b}$$

となる．ここに k_1，k_2 はそれぞれ角周波数 ω_1，ω_2 の平面波の波数である．

　いま，簡単のために，いずれの平面波も z 方向に伝搬している ($\theta = 0$) ものとすると，式 (4.2) に対応する波数ベクトルは $\boldsymbol{k}_1 = k_1 \boldsymbol{i}_z$，$\boldsymbol{k}_2 = k_2 \boldsymbol{i}_z$ で与えられるので，式 (4.3) の電界成分 Φ_1，Φ_2 は，時間領域において

$$\Phi_1 = \mathrm{Re}\left[A_1 \exp(-jk_1 z)\exp(j\omega_1 t)\right] = |A_1|\cos(\omega_1 t - k_1 z + \phi_1) \tag{4.23a}$$

$$\Phi_2 = \mathrm{Re}\left[A_2 \exp(-jk_2 z)\exp(j\omega_2 t)\right] = |A_2|\cos(\omega_2 t - k_2 z + \phi_2) \tag{4.23b}$$

と書ける．ここでは，式 (4.23) の電界成分をフェーザ電界成分と区別することなく，Φ_1，Φ_2 と書くことにする．

　さて，これらの平面波を合成すると，合成波の電界成分 $\Phi = \Phi_1 + \Phi_2$ は

$$\Phi = |A_1|\cos(\omega_1 t - k_1 z + \phi_1) + |A_2|\cos(\omega_2 t - k_2 z + \phi_2) \tag{4.24}$$

となる．合成波の強度は $I \propto \Phi^2$ で与えられるが，この Φ^2 に含まれる角周波数 $2\omega_1, 2\omega_2$，$\omega_1 + \omega_2$ の成分は非常に速く振動するので，観測されない．したがって，これらの成分を省略し，平面波 1, 2 の強度が $I_1 \propto |A_1|^2, I_2 \propto |A_2|^2$ となることに注意すると，合成波の強度 I は，$\omega_1 - \omega_2 \equiv \Omega$ として

$$I = I_1 + I_2 + 2\sqrt{I_1 I_2}\cos[\Omega t - (k_1 - k_2)z + \phi_1 - \phi_2] \tag{4.25}$$

と書ける．

　図 4.7 は，$0 \leq (k_1 - k_2)z - \phi_1 + \phi_2 \leq 5\pi$ の範囲の位置 z における合成波の相対強度分布

$I/(I_1+I_2)$ を，強度比を $I_2/I_1 = 1$ として，$\Omega t = \pi/4$ の時間ごとに示したものである．このように，角周波数，すなわち周波数が異なる場合の合成波の強度は，同一の周波数をもつ場合とは異なり，時間的に角周波数 Ω で振動し，干渉縞が時間とともに移動することになる．こうした現象を**うなり**あるいは**ビート** (beat) という．また，角周波数 Ω に対応する周波数 $\Omega/(2\pi) = (\omega_1 - \omega_2)/(2\pi)$ を**うなり周波数**または**ビート周波数** (beat frequency) という．

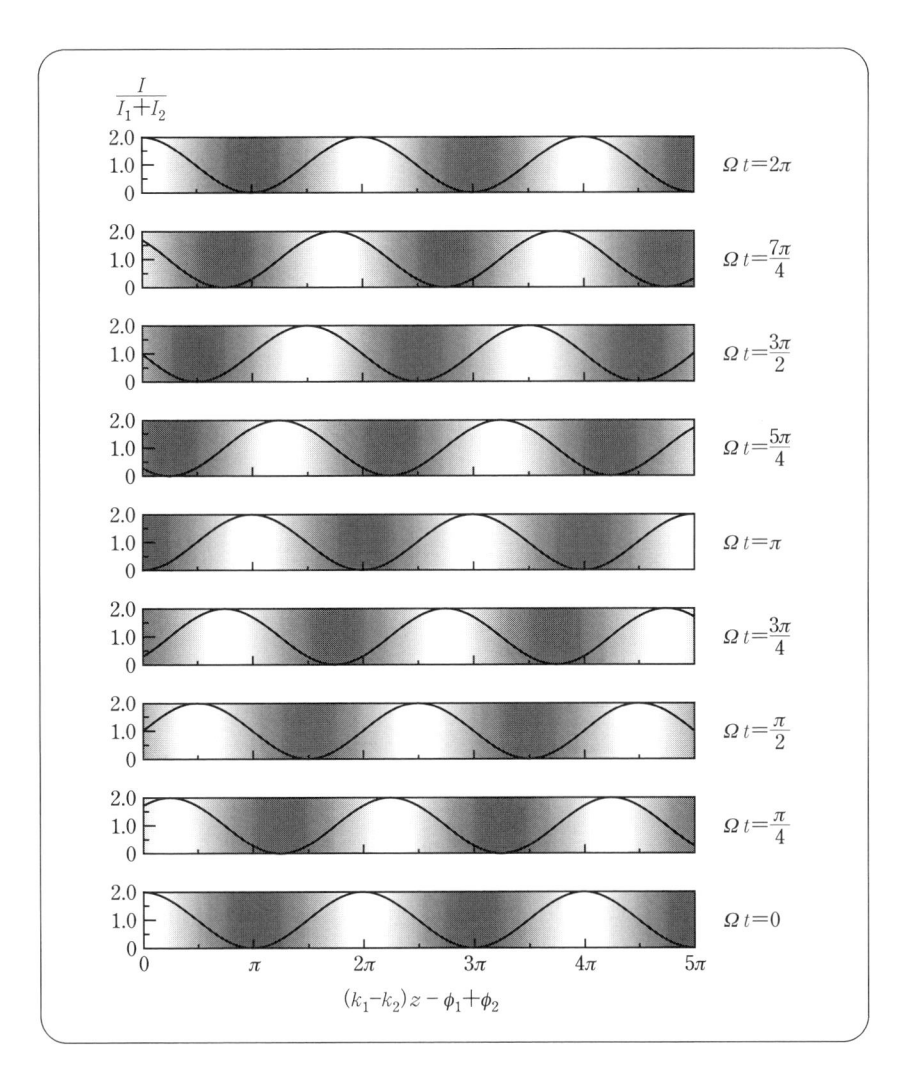

図 4.7 うなり（ビート）の現象

4.5 コヒーレンス

　干渉は波動に特有の現象の一つであるが，こうした干渉性の度合いを**可干渉性**あるいは**コヒーレンス** (coherence) という．コヒーレンスには，時間的な干渉性と空間的な干渉性とがあり，それぞれ**時間コヒーレンス** (temporal coherence)，**空間コヒーレンス** (spatial coherence) と呼ばれる．

　時間コヒーレンスは周波数の単一性を表すもので，周波数スペクトル幅と関係している．振幅や位相のゆらぎが全くない完全な**コヒーレント波** (coherent wave) は，**図 4.8** に示すように，単一周波数 f_0 の連続波であり，その周波数スペクトルは線スペクトルになる．これに対して，**図 4.9** に示すように，わずかな振幅ゆらぎや位相ゆらぎがあると，周波数スペクトル幅はわずかに広がる．こうした**部分コヒーレント波** (partial coherent wave) では，単一周波数の連続波の持続時間，すなわち可干渉時間を表す**コヒーレント時間** (coherence time) Δt と周波数スペクトル幅 Δf との間に，フーリエ変換の性質から，近似的に

$$\Delta t \Delta f \fallingdotseq 1 \qquad (4.26)$$

の関係が成り立つ．また，光速を c, 伝搬媒質の屈折率を n とすると，可干渉距離を表す**コヒーレンス長** (coherence length) L_c は

$$L_c = \frac{c\Delta t}{n} = \frac{c}{n\Delta f} \qquad (4.27)$$

で与えられることが知られている．なお，**図 4.10** に示すように，振幅や位相が大きく不規則にゆらぐと，周波数スペクトル幅の広がりは，更に大きくなり，**インコヒーレント波** (incoherent wave) と呼ばれる状態になる．

　時間コヒーレンスの度合いが周波数スペクトル幅と関係しているのに対して，空間コヒーレンスの度合いは放射指向性と関係している．コヒーレント波では，空間の任意の 2 点における位相差は時間によらず一定であり，その平行度は極めて高く，鋭い指向性をもっている．ただし，実際には，次節以降で述べる回折効果によって，ビーム径は広がっていく．そ

の典型的な例がビーム幅が有限な領域に制限されたガウスビーム (2.9 節参照) であり，最小スポットサイズ，すなわちビームウェストの位置におけるビーム径を $d = 2W_0$ (W_0 は最小スポットサイズ) とすると，ビームの広がり角 $2\Delta\theta$ は自由空間伝搬の場合 ($n = 1$)，式 (2.98) から

$$2\Delta\theta = \frac{4\lambda}{\pi d} \fallingdotseq \frac{\lambda}{d} \quad [\text{rad}] \tag{4.28}$$

となる．すなわち，回折効果によって，ビームの広がり角は λ/d 程度に制限され，これよりも広がり角を小さくすることはできず，これを**回折限界** (diffraction limit) という．一方，インコヒーレント波では，振幅や位相のゆらぎが大きいため，その波面は複雑にゆがんでおり，あらゆる方向に放射され，式 (4.28) は成り立たない．

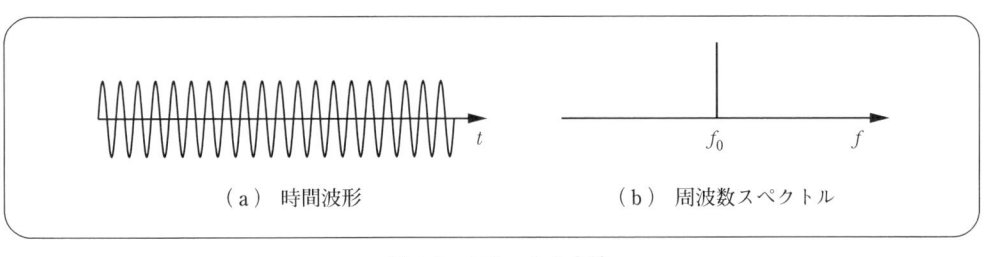

（a）時間波形　　　　（b）周波数スペクトル

図 4.8　コヒーレント波

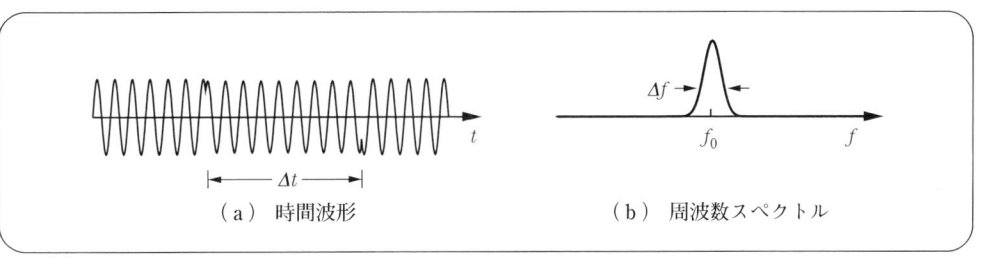

（a）時間波形　　　　（b）周波数スペクトル

図 4.9　部分コヒーレント波

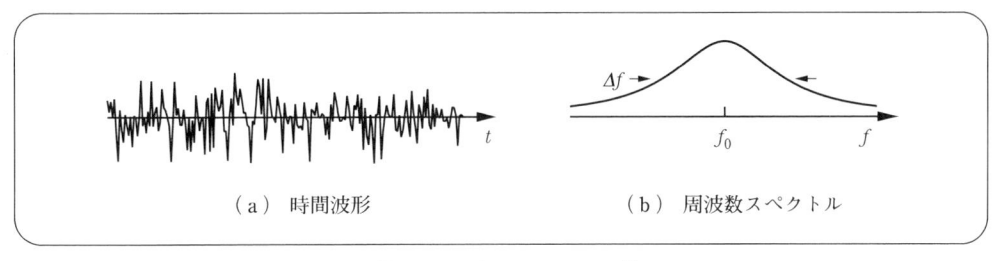

（a）時間波形　　　　（b）周波数スペクトル

図 4.10　インコヒーレント波

4.6 回折公式

平面波のように，横方向に無限の広がりをもつ波動はそのままの形で伝搬するが，ガウスビームのように，有限幅をもつ波動は，伝搬とともに，波面や強度分布が変化する (2.9 節参照)．こうした現象を**回折** (diffraction) という．回折は，干渉とともに波動に特有の現象であり，その振舞いは**キルヒホッフの回折理論** (Kirchhoff's diffraction theory) によって説明される．この回折理論の基礎になるのが**ヘルムホルツ–キルヒホッフの積分定理** (Helmholtz-Kirchhoff integral theorem) と呼ばれるもので，これは式 (2.107) を式 (2.105) に代入すると容易に導かれるが，これから以降，自由空間伝搬 (屈折率 $n=1$) を考えると

$$\Phi(x',y',z') = \frac{1}{4\pi} \oint_S \left\{ \frac{\partial \Phi}{\partial n} \frac{\exp(-jk_0 r)}{r} - \Phi \frac{\partial}{\partial n}\left[\frac{\exp(-jk_0 r)}{r}\right] \right\} dS \quad (4.29)$$

となる．ここに k_0 は自由空間波数であり，S は閉曲面である．

いま，図 **4.11** に示すような**開口** (aperture) S_1 をもつ厚さ 0，透過率 0 の平板に平面波が入射する場合を考え，観測点 Q を中心とする十分大きな半径 R をもつ球面 S を，平板上の面 S_0，開口面 S_1，無限遠にある面 S_∞ に分ける．面 S_∞ 上では，$G = [\exp(-jk_0 r)]/r$ は $1/R$ に，dS は R^2 に比例し，$\partial G/\partial n \to -jk_0 G$ となるので，外向放射条件，すなわち

$$\lim_{R \to \infty} R\left(\frac{\partial \Phi}{\partial n} + jk_0 \Phi\right) = 0 \quad (4.30)$$

が成り立つとすると，面 S_∞ に関する積分は 0 になる．また，開口 S_1 上の Φ，$\partial \Phi/\partial n$ の値は，平板がなかったときの値，すなわち入射平面波の値に等しく，開口以外の面 S_0 上では，$\Phi = 0$，$\partial \Phi/\partial n = 0$ と仮定するキルヒホッフが与えた境界条件を用いると，面 S_1 に関する積分だけが残る．更に，開口から観測点 Q までの距離が，波長に比べて十分大きいものとすると，ヘルムホルツ–キルヒホッフの積分定理は

$$\Phi(x',y',z') = \frac{1}{4\pi} \int_{S_1} \left(\frac{\partial \Phi_1}{\partial n} + jk_0 \Phi_1 \frac{\partial r}{\partial n}\right) \frac{\exp(-jk_0 r)}{r} dS \quad (4.31)$$

となり (問 4.4 参照)，これを**フレネル–キルヒホッフの回折公式** (Fresnel-Kirchhoff diffraction formula) という．ここに Φ_1 は開口 S_1 における複素振幅分布を与える関数で，**開口関数** (aperture function)，あるいは**ひとみ関数** (pupil function) と呼ばれる．

さて，z 軸に垂直な開口 S_1 の左側から，平面波が z 軸に対して θ_1 の角度で入射するものとし，観測点 Q は z 軸から角度 θ_2 の方向にあるものとする．更に，平面波が z 軸に対してほぼ平行に入射するものとして，$\theta_1 \fallingdotseq 0$ とすると，式 (4.31) は，$\theta_2 \fallingdotseq 0$ の近軸領域において

$$\Phi(x',y',z') = j\frac{1}{\lambda}\int_{S_1} \Phi_1(x,y,z)\frac{\exp(-jk_0 r)}{r}\, dS \tag{4.32}$$

となる (問 4.4 参照)．ここに $\lambda = 2\pi/k_0$ は自由空間波長である．式 (4.32) には，$\partial \Phi_1/\partial n$ の項が含まれておらず，この回折公式は**レイリー–ゾンマーフェルトの回折公式** (Rayleigh-Sommerfeld diffraction formula) と呼ばれる．これは，開口 S_1 上の各点から，2 次波として $\exp(-jk_0 r)/r$ の形をもつ球面波が発生し，観測点 Q での回折波の複素振幅は各点から伝搬してきた球面波の重ね合わせになっていると解釈することができ，**ホイヘンスの原理** (Huygens principle) にほかならない．なお，二次元問題の場合，グリーン関数は式 (2.109) で与えられるが，$k_0 r \gg 1$ のとき，0 次の第二種ハンケル関数は

$$H_0^{(2)}(k_0 r) \fallingdotseq \sqrt{\frac{2}{\pi k_0 r}} \exp\left[-j\left(k_0 r - \frac{\pi}{4}\right)\right] \tag{4.33}$$

と近似できるので，式 (4.32) に対応する二次元の回折公式は

$$\Phi(x',z') = \sqrt{j\frac{1}{\lambda}}\int_{c_1} \Phi_1(x,z)\frac{\exp(-jk_0 r)}{\sqrt{r}}\, dx \tag{4.34}$$

で与えられる．ここに c_1 は開口の長さである．

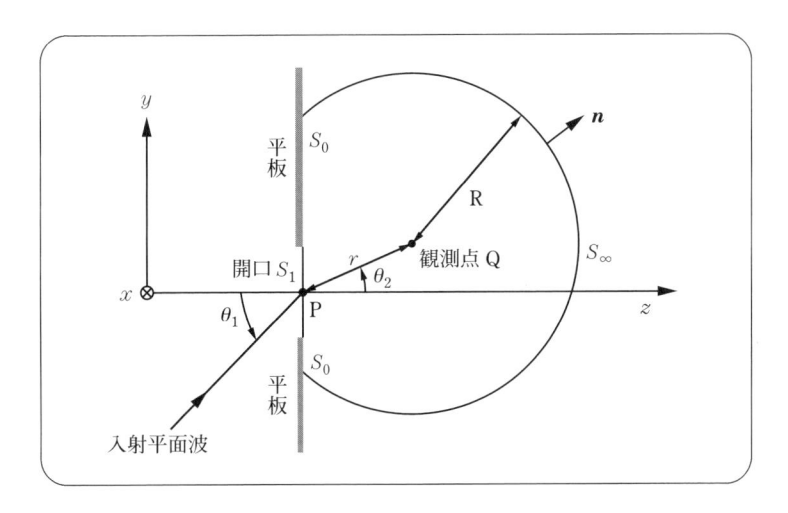

図 4.11　平面波の回折

4.7 フレネル回折とフラウンホーファー回折

開口面 S_1 を図 **4.12** に示すように $z=0$ の面にとり，この面上の点 P の座標を $(x_1,y_1,0)$ とする．また，観測点 Q は $z=z$ の面にあり，その座標を (x_2,y_2,z) とする．PQ 間の距離 r は，開口面の大きさと回折波のビーム径に比べて十分大きいとすると

$$r = \sqrt{(x_2-x_1)^2 + (y_2-y_1)^2 + z^2} \fallingdotseq z + \frac{(x_2-x_1)^2 + (y_2-y_1)^2}{2z} \qquad (4.35)$$

のように近似できる．これを式 (4.32) に代入し，分母の r を $r \fallingdotseq z$ と近似すると，**フレネル近似** (Fresnel approximation) に基づく回折公式

$$\begin{aligned}
\Phi_2(x_2,y_2,z) = &\, j\frac{\exp(-jk_0 z)}{\lambda z} \\
&\times \int_{S_1} \Phi_1(x_1,y_1) \exp\left[-jk_0 \frac{(x_2-x_1)^2 + (y_2-y_1)^2}{2z}\right] dx_1 dy_1
\end{aligned} \qquad (4.36)$$

が得られる．このフレネル近似に基づく回折，すなわち**フレネル回折** (Fresnel diffraction) の計算式をフレネル回折公式という．

観測点 Q が更に遠く，$k_0[(x_1{}^2 + y_1{}^2)/(2z)] \ll 1$ と近似すると，フレネル回折公式は

$$\begin{aligned}
\Phi_2(x_2,y_2,z) = &\, j\frac{\exp(-jk_0 z)}{\lambda z} \exp\left(-jk_0 \frac{x_2^2 + y_2^2}{2z}\right) \\
&\times \int_{S_1} \Phi_1(x_1,y_1) \exp\left(jk_0 \frac{x_2 x_1 + y_2 y_1}{z}\right) dx_1 dy_1
\end{aligned} \qquad (4.37)$$

となる．これは**フラウンホーファー近似** (Fraunhofer approximation) に基づく**フラウンホーファー回折** (Fraunhofer diffraction) の計算式であり，フラウンホーファー回折公式と呼ばれる．

なお，二次元問題の場合，フレネル回折公式は式 (4.38) で与えられる．

$$\Phi_2(x_2,z) = \sqrt{j\frac{1}{\lambda z}}\exp(-jk_0 z)\int_{c_1}\Phi(x_1)\exp\left[-jk_0\frac{(x_2-x_1)^2}{2z}\right]dx_1 \quad (4.38)$$

フラウンホーファー回折公式は次式で与えられる．

$$\Phi_2(x_2,z) = \sqrt{j\frac{1}{\lambda z}}\exp(-jk_0 z)\exp\left(-jk_0\frac{x_2^2}{2z}\right)\int_{c_1}\Phi_1(x_1)\exp\left(jk_0\frac{x_2 x_1}{z}\right)dx_1 \quad (4.39)$$

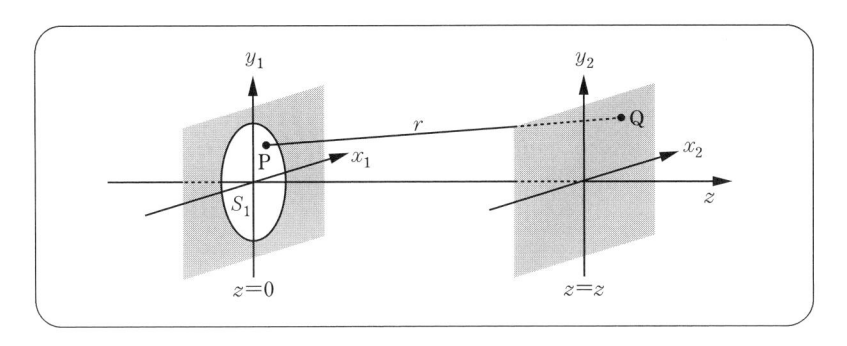

図 4.12　開口面と観測面

☕ 談 話 室 ☕

フレネル領域とフラウンホーファー領域　フレネル領域とフラウンホーファー領域との境界は必ずしも明確ではないが，開口の最大寸法を d として，$z < d^2/\lambda$, $z > d^2/\lambda$ の領域をそれぞれフレネル領域，フラウンホーファー領域として区別している．**図 4.13** は，円形開口の中心軸上における回折波の相対強度分布を示したものである (4.12 節参照)．

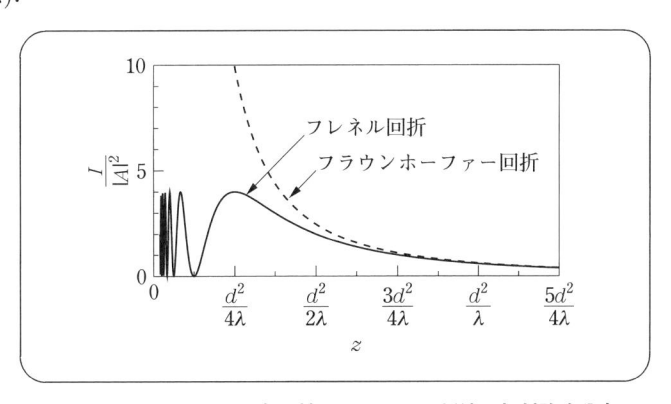

図 4.13　円形開口の中心軸上における回折波の相対強度分布

4.8 半無限平板による回折

　平面波が，**図 4.14** に示すように，半無限平板に垂直に，$z < 0$ の領域から入射した場合の平板エッジによるフレネル回折について考える．平板は y_1 方向に無限の広がりをもっているとすると，開口関数 Φ_1 は，定数 A を用いて

$$\Phi_1(x_1) = \begin{cases} A & x_1 \geqq 0 \\ 0 & x_1 \leqq 0 \end{cases} \tag{4.40}$$

と書けるので，この問題は二次元問題として取り扱うことができる．式 (4.40) を式 (4.38) のフレネル回折公式に代入すると，回折波 Φ_2 は

$$\Phi_2(x_2, z) = A\sqrt{j\frac{1}{\lambda z}} \exp(-jk_0 z) \int_0^\infty \exp\left[-jk_0 \frac{(x_2 - x_1)^2}{2z}\right] dx_1 \tag{4.41}$$

と書ける．ここで

$$x = (x_2 - x_1)\sqrt{\frac{2}{\lambda z}} \tag{4.42}$$

のような変数変換を行い，オイラーの恒等式を用いると，式 (4.41) は

$$\Phi_2(x_2, z) = A\sqrt{j\frac{1}{2}} \exp(-jk_0 z) \left[\int_{-\infty}^X \cos\left(\frac{\pi}{2}x^2\right) dx - j\int_{-\infty}^X \sin\left(\frac{\pi}{2}x^2\right) dx\right] \tag{4.43}$$

となる．ここに X は次式で表されるものとする．

$$X = x_2\sqrt{\frac{2}{\lambda z}} \tag{4.44}$$

　さて，回折波の強度分布は，$I \propto |\Phi_2|^2$ で与えられるので

$$C(X) = \int_0^X \cos\left(\frac{\pi}{2}x^2\right) dx, \quad S(X) = \int_0^X \sin\left(\frac{\pi}{2}x^2\right) dx \tag{4.45}$$

と定義される**フレネル積分** (Fresnel integral) を導入すると，強度分布 I は次式となる．

$$I(x_2) = \frac{|A|^2}{2}\{[C(X) - C(-\infty)]^2 + [S(X) - S(-\infty)]^2\} \tag{4.46}$$

回折波の強度 I を，$x_2 \to \infty$ における値 $I_\infty = I(x_2 \to \infty) = |A|^2$ で規格化した相対強度分布を**図 4.15**に示す．回折波は，$x_2 \leq 0$ の幾何光学的な影の領域にも広がる．一方，$x_2 \geq 0$ の影でない領域では，エッジに平行な干渉縞を形成する．強度が大きく変化するのは，$|x_2|$ が $\sqrt{\lambda z}$ 程度以下の領域であり，観測面をエッジから遠ざけると，この強度分布は $\sqrt{\lambda z}$ に比例して，相似的に拡大する．

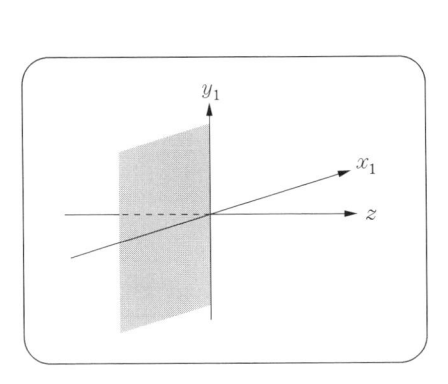

図 4.14 半無限平板

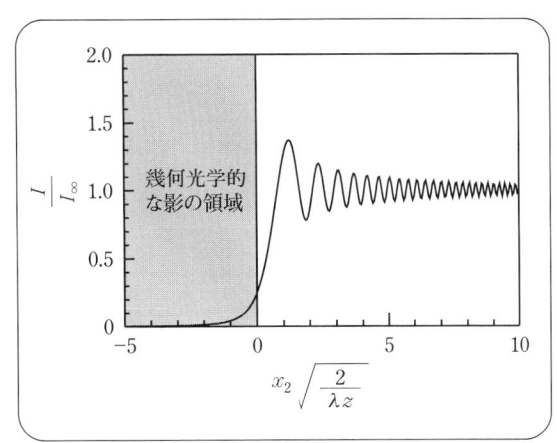

図 4.15 半無限平板のエッジ回折の相対強度分布

☕ 談 話 室 ☕

フレネル積分　フレネル積分は，**図 4.16**に示すように，x の値が大きくなるとともに，周期が急速に短くなる $\cos(\pi x^2/2)$, $\sin(\pi x^2/2)$ の積分である．フレネル積分には，$C(-X) = -C(X), S(-X) = -S(X), C(\infty) = 1/2, S(\infty) = 1/2$ となる性質があるので，$x_2 \to \infty$ において，$I = I_\infty = |A|^2$ となる．

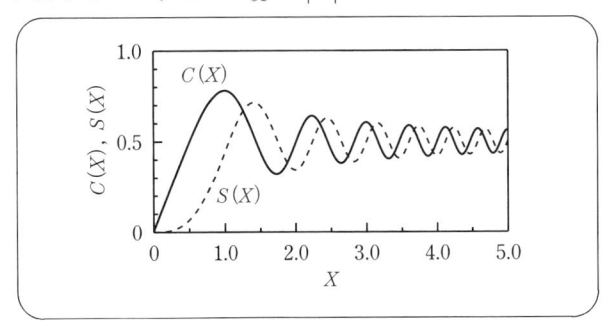

図 4.16 フレネル積分

4.9 スリットによる回折

平面波が，図 4.17 に示すような幅 d のスリットに，$z<0$ の領域から垂直入射する場合のフラウンホーファー回折について考える．スリットは y_1 方向に無限に長いとすると，開口関数 Φ_1 は，定数 A を用いて

$$\Phi_1(x_1) = \begin{cases} A & |x_1| \leq d/2 \\ 0 & |x_1| \geq d/2 \end{cases} \tag{4.47}$$

と書けるので，この問題も二次元問題として取り扱うことができる．

いま，式 (4.47) を式 (4.39) のフラウンホーファー回折公式に代入し，オイラーの恒等式を用いると，回折波 Φ_2 は次式のように求められる．

$$\Phi_2(x_2, z) = A\sqrt{j\frac{1}{\lambda z}}\exp(-jk_0 z)\exp\left(-jk_0\frac{x_2^2}{2z}\right)\int_{-d/2}^{d/2}\exp(jk_x x_1)\,dx_1$$

$$= Ad\sqrt{j\frac{1}{\lambda z}}\exp(-jk_0 z)\exp\left(-jk_0\frac{x_2^2}{2z}\right)\mathrm{sinc}\left(\frac{k_x d}{2}\right) \tag{4.48}$$

ここに k_x は $k_x = k_0 x_2/z$ で与えられ，x_2 方向の波数に対応する．また，sinc は

$$\mathrm{sinc}\,x = \frac{\sin x}{x} \tag{4.49}$$

で定義される関数であり，**シンク関数** (sinc function) という．回折波の強度分布 $I \propto |\Phi_2|^2$ を，z 軸上の値 $I_0 \propto |\Phi_2(x_2=0)|^2$ で規格化した相対強度分布として表すと次式となる．

$$\frac{I}{I_0} = \left[\mathrm{sinc}\left(\frac{k_x d}{2}\right)\right]^2 \tag{4.50}$$

図 4.18 は，スリットによるフラウンホーファー回折の相対強度分布を示したものである (濃淡レベル差 1 dB)．強度分布の $x_2 = 0$ を中心とする山は**主ローブ** (main lobe)，その両側に現れる小さな山は**サイドローブ** (side lobe) と呼ばれる．回折波の強度が 0 となる位置 $x_2 = x_{2m}$ は，$k_x d/2 = k_0 x_{2m} d/(2z) = \pi x_{2m} d/(\lambda z) = m\pi$ から次式となる．

$$x_{2m} = \frac{m\lambda z}{d} \quad (m = \pm 1, \pm 2, \cdots) \tag{4.51}$$

主ローブの 0 値半幅は $\Delta x_2 = \lambda z/d$ で，回折波のエネルギーのほとんどは $|x_2| < \Delta x_2$ の

範囲内にある．したがって，回折波の広がり角は，その半角を $\Delta\theta$ として

$$2\Delta\theta = 2\tan^{-1}\left(\frac{\Delta x_2}{z}\right) \fallingdotseq 2\frac{\lambda}{d} \tag{4.52}$$

で与えられる．なお，回折波の広がり角 $2\Delta\theta$ を式 (4.50) の半値全幅で定義すると，$2\Delta\theta \fallingdotseq 0.886\lambda/d$ となる．いずれにしても，4.5 節で述べたように，回折限界が λ/d 程度になることが再確認できる．

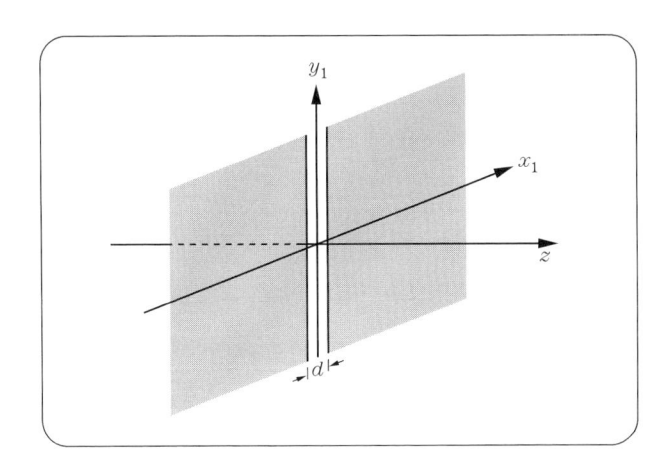

図 4.17　スリット

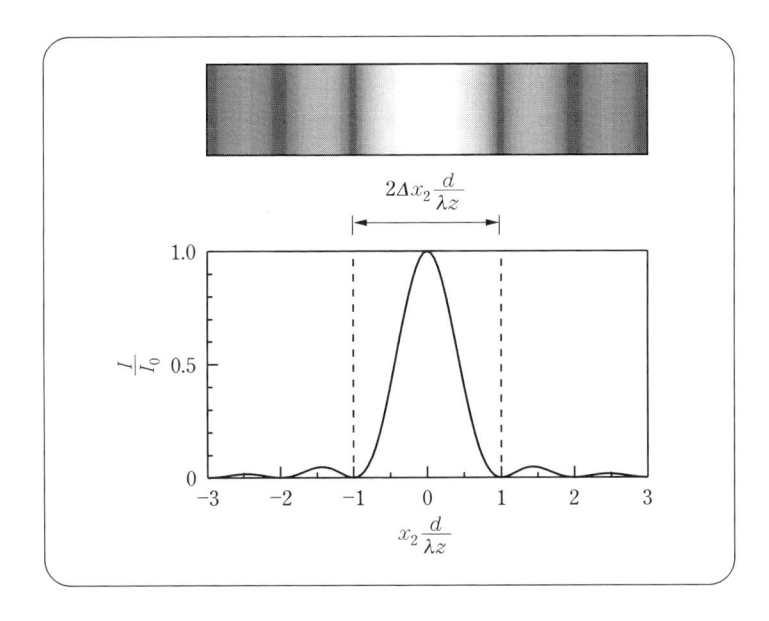

図 4.18　スリットによるフラウンホーファー回折の相対強度分布

4.10 アレー状スリットによる回折

幅 d のスリットが，図 4.19 に示すように，周期 p で並べられたアレー状スリットに，平面波が，$z<0$ の領域から垂直入射する場合のフラウンホーファー回折について考える．スリットは y_1 方向に無限に長いとすると，1 周期 $|x_1| \leq p/2$ の開口に対する開口関数 Φ_1 は

$$\Phi_1(x_1) = \begin{cases} A & |x_1| \leq d/2 \\ 0 & d/2 \leq |x_1| \leq p/2 \end{cases} \tag{4.53}$$

と書ける．

いま，式 (4.53) を式 (4.39) のフラウンホーファー回折公式に代入すると，1 周期の開口による回折波 Φ_{20} は，式 (4.48) と同様の形で次式のように求められる．

$$\begin{aligned}\Phi_{20}(x_2) &= A\sqrt{j\frac{1}{\lambda z}}\exp(-jk_0 z)\exp\left(-jk_0\frac{x_2^2}{2z}\right)\int_{-p/2}^{p/2}\exp(jk_x x_1)\,dx_1 \\ &= Ad\sqrt{j\frac{1}{\lambda z}}\exp(-jk_0 z)\exp\left(-jk_0\frac{x_2^2}{2z}\right)\operatorname{sinc}\left(\frac{k_x d}{2}\right)\end{aligned} \tag{4.54}$$

この開口から i 番目の開口による回折波 Φ_{2i} は，$x = x_1 - ip$ と変数変換すると

$$\begin{aligned}\Phi_{2i}(x_2) &= A\sqrt{j\frac{1}{\lambda z}}\exp(-jk_0 z)\exp\left(-jk_0\frac{x_2^2}{2z}\right)\int_{ip-p/2}^{ip+p/2}\exp(jk_x x_1)\,dx_1 \\ &= A\sqrt{j\frac{1}{\lambda z}}\exp(-jk_0 z)\exp\left(-jk_0\frac{x_2^2}{2z}\right)\int_{-p/2}^{p/2}\exp[jk_x(x+ip)]\,dx \\ &= \Phi_{20}(x_2)\exp(jk_x ip)\end{aligned} \tag{4.55}$$

となる．したがって，N 個の開口による回折界 Φ_2 は

$$\Phi_2(x_2) = \sum_{i=0}^{N-1}\Phi_{2i}(x_2) = \Phi_{20}(x_2)\sum_{i=0}^{N-1}\exp(jk_x ip) = \Phi_{20}(x_2)\frac{\exp(jk_x Np)-1}{\exp(jk_x p)-1} \tag{4.56}$$

で与えられる (問 4.2 参照)．回折波の強度分布 $I \propto |\Phi_2|^2$ を，1 周期の開口だけがあるときの z 軸上の値 $I_0 \propto |\Phi_{20}(x_2=0)|^2$ で規格化した相対強度分布として表すと

$$\frac{I}{I_0} = \left[\operatorname{sinc}\left(\frac{k_x d}{2}\right)\right]^2 \frac{\sin^2(k_x N p/2)}{\sin^2(k_x p/2)} \tag{4.57}$$

となる (問 4.2 参照). 回折波は $N-1$ 番目ごとに鋭いピークをもち, その位置 $x_2 = x_{2m}$ は

$$x_{2m} = \frac{m\lambda z}{p} \quad (m = 0, \pm 1, \pm 2, \cdots) \tag{4.58}$$

で与えられる (問 4.2 参照). なお, このときの m を**回折次数** (diffraction order) という.

図 4.20 は, $N=5$ のアレー状スリットによるフラウンホーファー回折の相対強度分布を, $p = 3d$ として示したものである (濃淡レベル差 1 dB). ここに破線は $[\operatorname{sinc}(k_x d/2)]^2$ で与えられる包絡線を示している.

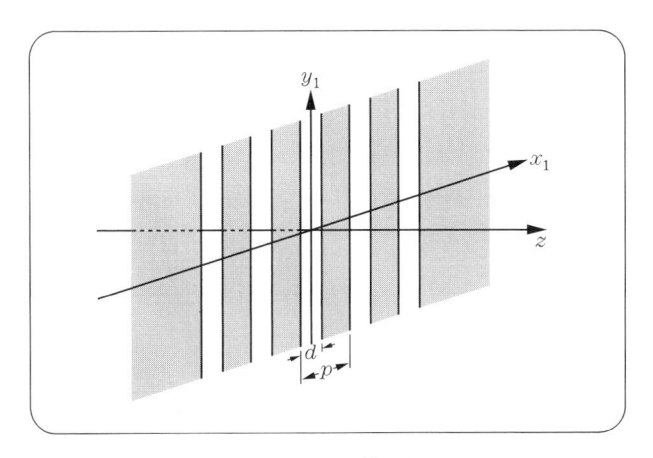

図 4.19　アレー状スリット

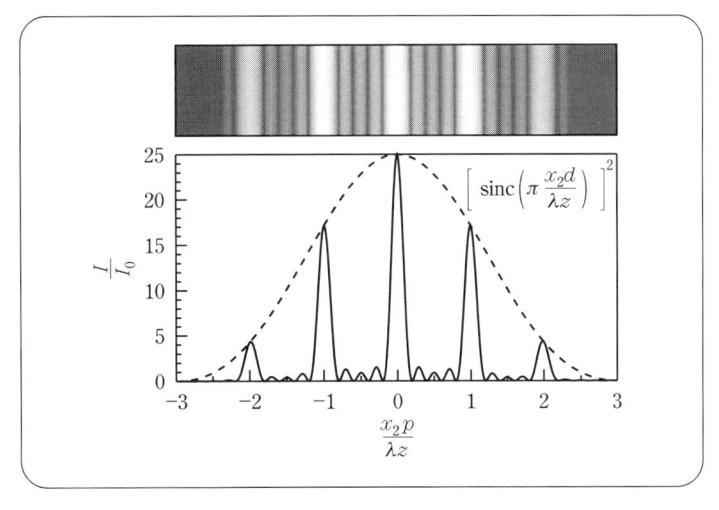

図 4.20　アレー状スリットによるフラウンホーファー回折の相対強度分布

4.11 方形開口による回折

平面波が，図 **4.21** に示すような横 (x_1 方向) d_x, 縦 (y_1 方向) d_y の方形開口に, $z<0$ の領域から垂直入射する場合のフラウンホーファー回折について考える．このとき，開口関数 Φ_1 は，定数 A を用いて次式の形になり

$$\Phi_1(x_1,y_1) = \begin{cases} A & |x_1| \leq d_x/2, \quad |y_1| \leq d_y/2 \\ 0 & |x_1| \geq d_x/2, \quad |y_1| \geq d_y/2 \end{cases} \tag{4.59}$$

x_1 方向，y_1 方向とも有限な大きさになるので，三次元問題として取り扱う必要がある．

いま，式 (4.59) を式 (4.37) のフラウンホーファー回折公式に代入すると，回折波 Φ_2 は

$$\Phi_2(x_2,y_2) = jAS\frac{\exp(-jk_0z)}{\lambda z}\exp\left(-jk_0\frac{x_2^2+y_2^2}{2z}\right)\mathrm{sinc}\left(\frac{k_xd_x}{2}\right)\mathrm{sinc}\left(\frac{k_yd_y}{2}\right) \tag{4.60}$$

と求められる．ここに $S=d_xd_y$ は開口の面積であり，$k_x=k_0x_2/z$, $k_y=k_0y_2/z$ はそれぞれ x_2, y_2 方向の波数に対応する．回折波の強度分布 $I \propto |\Phi_2|^2$ を，z 軸上の値 $I_0 \propto |\Phi_2(x_2=0,y_2=0)|^2$ で規格化した相対強度分布として表すと

$$\frac{I}{I_0} = \left[\mathrm{sinc}\left(\frac{k_xd_x}{2}\right)\right]^2\left[\mathrm{sinc}\left(\frac{k_yd_y}{2}\right)\right]^2 \tag{4.61}$$

となる．すなわち，方形開口によるフラウンホーファー回折の相対強度分布は，幅 d_x, d_y のスリットのそれぞれの相対強度分布の積として表される．回折波の強度が 0 になる位置 $x_2=x_{2m}$, $y_2=y_{2m'}$ は，式 (4.51) と同様に

$$x_{2m} = \frac{2m\pi}{k_0d_x}z = \frac{m\lambda z}{d_x} \qquad (m=\pm1,\pm2,\cdots) \tag{4.62a}$$

$$y_{2m'} = \frac{2m'\pi}{k_0d_y}z = \frac{m'\lambda z}{d_y} \qquad (m'=\pm1,\pm2,\cdots) \tag{4.62b}$$

で与えられる．また，回折波の x_2, y_2 方向の広がり角 $2\Delta\theta_x$, $2\Delta\theta_y$ を，式 (4.61) の半値全幅で定義すると，4.9 節で述べたように次式で与えられる．

$$2\Delta\theta_x \fallingdotseq 0.886\frac{\lambda}{d_x}, \qquad 2\Delta\theta_y \fallingdotseq 0.886\frac{\lambda}{d_y} \tag{4.63}$$

図 **4.22** は，方形開口によるフラウンホーファー回折の相対強度分布を，$d_x = 2d, d_y = d$ として示したものである (濃淡レベル差 1 dB)．開口幅が狭い方向，この場合は y_2 方向の広がり角が大きくなることが分かる．

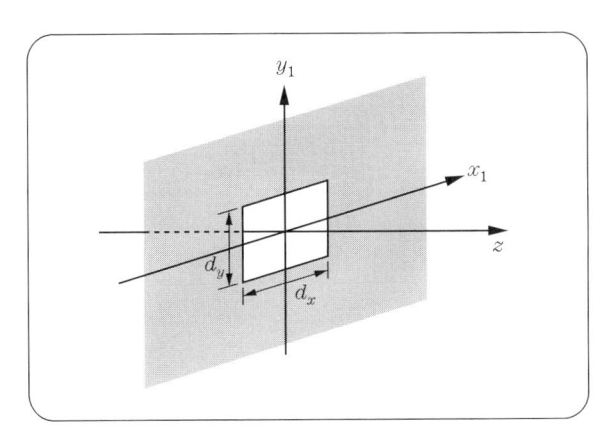

図 4.21　方形開口

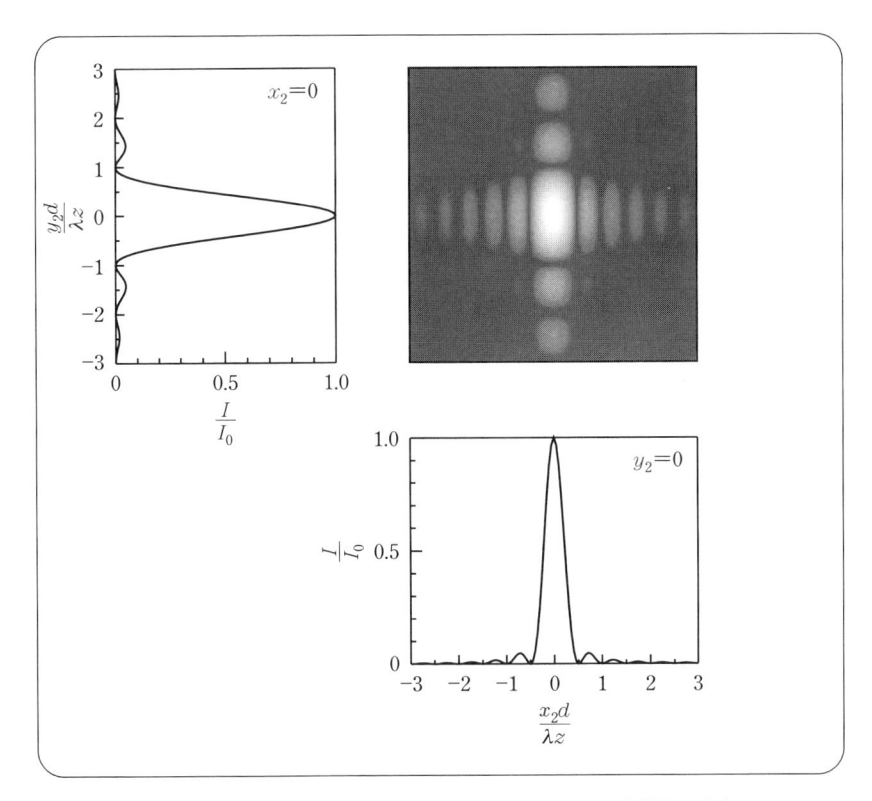

図 4.22　方形開口によるフラウンホーファー回折の相対強度分布

4.12 円形開口による回折

平面波が，**図 4.23** に示すような直径 d の円形開口に，$z < 0$ の領域から垂直入射する場合，開口面，観測面における直角座標 $(x_1, y_1), (x_2, y_2)$ を極座標 $(r_1, \phi_1), (r_2, \phi_2)$ に変換し

$$x_1 = r_1 \cos\phi_1, \quad y_1 = r_1 \sin\phi_1, \quad x_2 = r_2 \cos\phi_2, \quad y_2 = r_2 \sin\phi_2 \tag{4.64}$$

とおくと，開口関数 Φ_1 は，定数 A を用いて次式のように書ける．

$$\Phi_1(r_1, \phi_1) = \begin{cases} A & |r_1| \leq d/2 \\ 0 & |r_1| \geq d/2 \end{cases} \tag{4.65}$$

いま，式 (4.65) を式 (4.37) のフラウンホーファー回折公式に代入すると，回折波 Φ_2 は

$$\begin{aligned}\Phi_2(r_2, \phi_2) &= jA\frac{\exp(-jk_0 z)}{\lambda z} \exp\left(-jk_0 \frac{r_2^2}{2z}\right) \\ &\quad \times \int_0^{2\pi} \int_0^{d/2} \exp\left[jk_0 \frac{r_2 r_1 \cos(\phi_2 - \phi_1)}{z}\right] r_1 \, d\phi_1 dr_1 \\ &= jAS\frac{\exp(-jk_0 z)}{\lambda z} \exp\left(-jk_0 \frac{r_2^2}{2z}\right) \frac{2J_1(k_r d/2)}{k_r d/2}\end{aligned} \tag{4.66}$$

と求められる．ここに $S = \pi(d/2)^2$ は開口の面積であり，$k_r = k_0 r_2/z$ は半径方向 (r_2 方向) の波数に対応する．また，式 (4.66) の計算には，0 次，1 次の第一種ベッセル関数をそれぞれ $J_0(x), J_1(x)$ として

$$J_0(x) = \frac{1}{2\pi} \int_0^{2\pi} \exp(jx \cos\psi) \, d\psi, \quad \frac{d[xJ_1(x)]}{dx} = xJ_0(x) \tag{4.67}$$

のようなベッセル関数の積分表示公式と微分公式を用いている．回折波の強度分布 $I \propto |\Phi_2|^2$ を，z 軸上の値 $I_0 \propto |\Phi_2(r_2 = 0)|^2$ で規格化した相対強度分布として表すと

$$\frac{I}{I_0} = \left[\frac{2J_1(k_r d/2)}{k_r d/2}\right]^2 \tag{4.68}$$

となる．このとき，$x \to 0$ において，$J_1(x)/x = 0.5$ となることに注意する．回折波の強度が最初に 0 になる位置 $r_2 = r_0$ は，1 次の第一種ベッセル関数の零点が $x = 3.833$ であるので，$k_0 r_0 d/(2z) = \pi r_0 d/(\lambda z) = 3.833$ から式 (4.69) で与えられる．

4.12 円形開口による回折

$$r_0 = \frac{1.22\lambda z}{d} \tag{4.69}$$

式 (4.68) の 0 値全幅，半値全幅で定義される回折波の広がり角は次式のように書ける．

$$2\Delta\theta = 2\tan^{-1}\left(\frac{r_0}{z}\right) = 2.44\frac{\lambda}{d}, \qquad 2\Delta\theta \fallingdotseq 1.03\frac{\lambda}{d} \tag{4.70}$$

図 4.24 は，円形開口によるフラウンホーファー回折の相対強度分布を示したものである (濃淡レベル差 1 dB)．このように，回折パターンは同心円状になり，これを**エアリーパターン** (Airy pattern) という．また，主ローブに対応する円盤状の領域は**エアリーディスク** (Airy disc) と呼ばれる．なお，観測点が z 軸上にある場合には，式 (4.36) のフレネル回折公式も容易に計算できる (問 4.5，図 4.13 参照)．

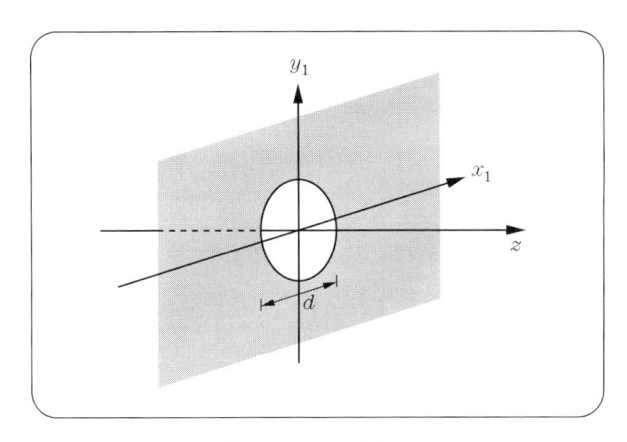

図 4.23　円形開口

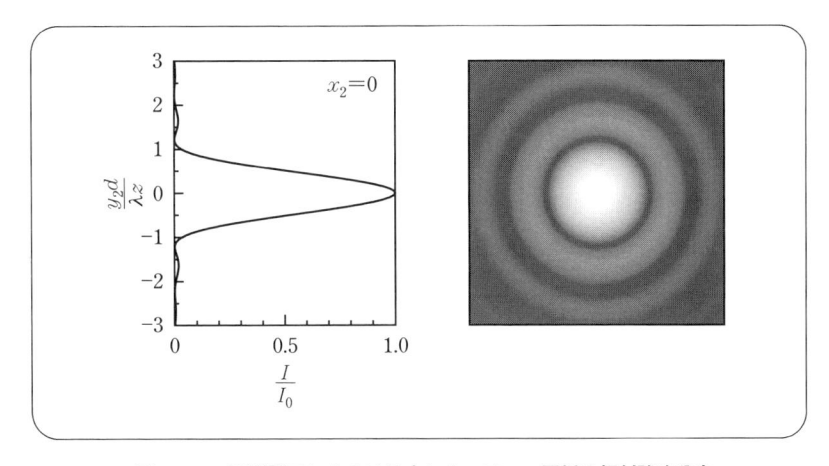

図 4.24　円形開口によるフラウンホーファー回折の相対強度分布

本章のまとめ

❶ **干　渉**　二つ以上の波が，ある位置に同時に到着したとき，これらの波動が，その位置において互いに強め合ったり，弱め合ったりする現象．

❷ **可視度**　干渉によって生じる明暗の縞模様，すなわち干渉縞のコントラストを表す量．

❸ **フィネス**　所定の位相差をもつ多数の波の干渉，すなわち多重干渉の干渉縞の鮮鋭度を表す量．

❹ **うなり (ビート)**　周波数の異なる二つの波の干渉によって生じる干渉縞が時間とともに移動する現象．

❺ **コヒーレンス**　互いに干渉することができる波動の性質．

❻ **回　折**　波動が障害物の幾何光学的な影の内側に回り込んで伝搬する現象．

❼ **回折限界**　回折効果によって，ビームの広がり角が λ/d 程度に制限されること (λ: 波長，d: ビーム径)．

❽ **開口関数 (ひとみ関数)**　開口における複素振幅分布を与える関数．

❾ **フレネル回折**　観測面が開口から有限の距離にある場合の回折現象．

❿ **フラウンホーファー回折**　観測面が開口から十分遠方 (無限遠) にある場合の回折現象．

●理解度の確認●

問 4.1　波長 $0.633\ \mu\mathrm{m}$ の二つのレーザ光を角度 1 分で重ね合わせたとき，二つのレーザ光の伝搬方向と垂直な面内に形成される干渉縞の周期を求めよ．

問 4.2　式 (4.13)，(4.56)～(4.58) を導け．また，式 (4.13) で与えられる干渉像と式 (4.57) で与えられる回折像が異なる理由を説明せよ．

問 4.3　式 (4.15)，(4.19)，(4.20) を導け．

問 4.4　式 (4.31)，(4.32) を導け．

問 4.5　図 4.13 に示した円形開口の中心軸上における回折波の相対強度分布を求めよ．

5 伝送と結合

　全反射現象を利用すると，光波や電波を局所的に閉じ込めて任意の方向へ伝送させるための，例えば光ファイバのような導波路を構成することができる．

　本章では，構造が最も簡単で，しかも導波路としての本質をすべて含んでいる三層の誘電体導波路を取り上げ，導波路に固有のモードという概念と導波路の伝送特性について学習する．また，モード間に結合が生じる場合に頻繁に利用されるモード結合理論について，モード結合方程式を解きながら理解を深める．

5.1 導波路による伝送

光波や電波が屈折率 (誘電率) の大きな媒質から小さな媒質に向かって入射した場合，入射角が臨界角よりも大きくなると，全反射が生じることを 3.11 節で述べた．この現象を利用すると，光波や電波を局所的に閉じ込めて任意の方向に伝送させるための**導波路** (waveguide) を構成することができる．このような導波路を二つ用意し，これらを，図 **5.1** に示すように，互いに近づけると，一方の導波路に入射した光波や電波は，導波路構造が同じであれば，周期 L_c (式 (5.59) 参照) で導波路間を行き来する (5.9 節参照)．また，図 **5.2** に示すように，導波路の屈折率 n を周期的に Δn だけ変化させ，周期 Λ を適当に選ぶと，入射波と反射波とが結合するようになる (5.12 節参照)．ここでは，導波路の導波原理そのものを理解するために，その構造が最も簡単で，しかも導波路としての本質をすべて含んでいる図 **5.3** に示すような三層誘電体導波路を考える．ここに屈折率 n_1, n_2, n_3 の間に $n_1 > n_2 > n_3$ の関係を仮定する．屈折率 n_1, 厚さ $2a$ の領域を**コア** (core), 屈折率 n_2, n_3 の領域をそれぞれ**基板** (substrate), **クラッド** (cladding) という．なお，導波路を取り扱う場合には，その伝搬方向を z 軸に対応させることが多いので，この習慣に従うことにする．

さて，平面波が，角度 θ_i で，コアと基板，及びコアとクラッドの境界面に入射するものとすると，伝搬方向，すなわち z 方向の位相定数 β は次式で与えられる．

$$\beta = k_0 n_1 \sin \theta_i \tag{5.1}$$

このとき次式で定義される n_{eff} を**実効屈折率** (effective refractive index) という．

$$n_{eff} = \frac{\beta}{k_0} = n_1 \sin \theta_i \tag{5.2}$$

導波路の伝搬方向の位相定数 β を，単に伝搬定数と呼ぶことも多く，ここでもこうした習慣に従うことにする．

いま，$y = -a, +a$ の境界面における臨界角 (式 (3.78) 参照) をそれぞれ

$$\theta_2 = \sin^{-1}\left(\frac{n_2}{n_1}\right) \tag{5.3}$$

$$\theta_3 = \sin^{-1}\left(\frac{n_3}{n_1}\right) \tag{5.4}$$

とおくと，$n_1 > n_2 > n_3$ の仮定から，$\theta_2 > \theta_3$ であるので，$\theta_2 < \theta_i < 90°$ のとき，両方の境界面で全反射が起こり，平面波はコア内に閉じ込められた形で伝搬する．このようなモードを**導波モード** (guided mode) といい，$n_2 < n_{eff} < n_1$ となる．一方，θ_i が θ_2 より小さくなると，基板との境界面で全反射条件が成り立たなくなるので，平面波の一部は基板中に透過波として放射される．更に θ_i が小さくなって，$\theta_i < \theta_3$ になると，クラッドとの境界面でも全反射条件が成り立たなくなるので，平面波は，基板中のみならず，クラッド中にも放射されることになる．このようなモードを**放射モード** (radiation mode) という．

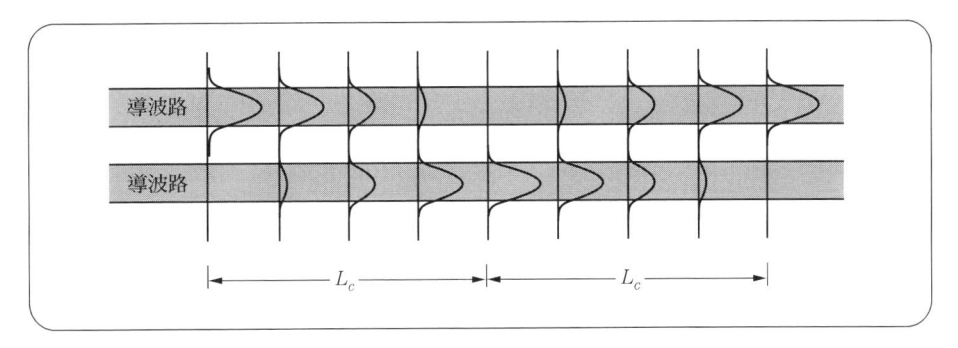

図 5.1　近接導波路間の結合

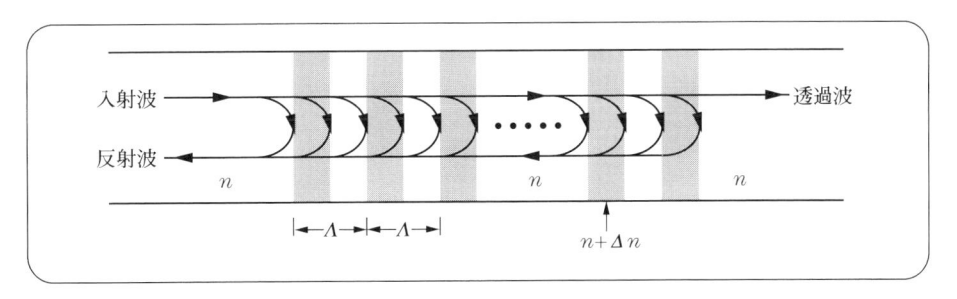

図 5.2　周期摂動による結合

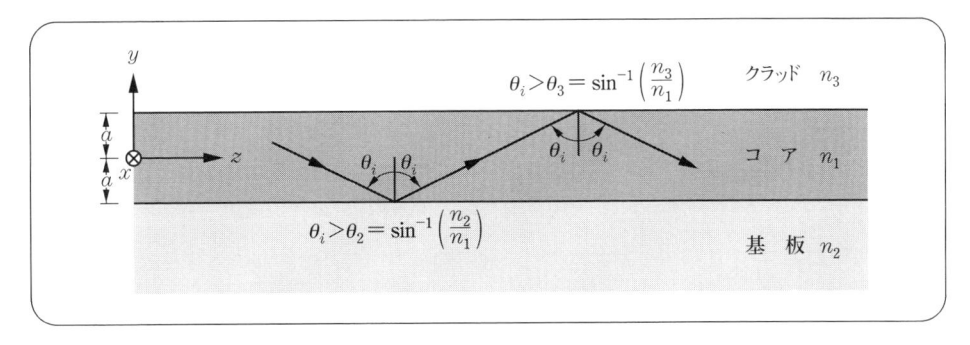

図 5.3　三層誘電体導波路

5.2 分散方程式

　周波数 f, あるいは自由空間波長 $\lambda = c/f$ と導波路の伝搬定数 β との間に成り立つ関係式を**分散方程式** (dispersion equation) という．平面波が全反射を繰り返して伝搬していくためには，入射角 θ_i が，コアと基板，コアとクラッドのいずれの境界面においても臨界角より大きくなければならないが，更に，**図 5.4** に示すような光線 AB と光線 CD に関して，等位相面上にある点 A と点 C, 点 B と点 D とがそれぞれ同位相になることが必要である．ここに光線，すなわち平面波の伝搬方向を実線で示し，等位相面は，繁雑さを避けるために，光線 AB と，これと平行な光線に関するものだけを破線で示している．なお，ここでは yz 面内を伝搬する平面波を考えているので，TE 波と TM 波とが独立に存在する (3.8 節参照) が，導波路の場合には，それぞれ **TE モード** (TE mode), **TM モード** (TM mode) と呼ぶことが多い (問 5.1 参照)．

　さて，全反射による位相シフト量は，コアと基板の境界面，すなわち点 C において

$$\phi_2 = \begin{cases} 2\tan^{-1}\left(\dfrac{\eta}{\xi}\right) & (\text{TE モード}) \\ 2\tan^{-1}\left(\dfrac{n_1^2 \eta}{n_2^2 \xi}\right) & (\text{TM モード}) \end{cases} \tag{5.5}$$

となり，コアとクラッドの境界面，すなわち点 D において

$$\phi_3 = \begin{cases} 2\tan^{-1}\left(\dfrac{\zeta}{\xi}\right) & (\text{TE モード}) \\ 2\tan^{-1}\left(\dfrac{n_1^2 \zeta}{n_3^2 \xi}\right) & (\text{TM モード}) \end{cases} \tag{5.6}$$

となる (式 (3.85) 参照)．ここに ξ, η, ζ は

$$\xi = \sqrt{k_0^2 n_1^2 - \beta^2} = k_0\sqrt{n_1^2 - n_{eff}^2} = k_0 n_1 \cos\theta_i \tag{5.7a}$$

$$\eta = \sqrt{\beta^2 - k_0^2 n_2^2} = k_0\sqrt{n_{eff}^2 - n_2^2} \tag{5.7b}$$

$$\zeta = \sqrt{\beta^2 - k_0^2 n_3^2} = k_0\sqrt{n_{eff}^2 - n_3^2} \tag{5.7c}$$

で与えられ，ξ はコア内の y 方向位相定数に，η, ζ はそれぞれ基板内，クラッド内の y 方向減衰定数に対応する (3.9 節参照，座標軸 y, z が入れ換わっていることに注意).

ところで，光線 AB の長さ l_1 と光線 CD の長さ l_2 は

$$l_1 = 2a \sin\theta_i \left(\tan\theta_i - \frac{1}{\tan\theta_i} \right) \tag{5.8}$$

$$l_2 = \frac{2a}{\cos\theta_i} \tag{5.9}$$

で与えられるので，AB 間，CD 間を伝搬する平面波の位相は，それぞれ $\exp(-jk_0 n_1 l_1)$, $\exp(-jk_0 n_1 l_2)$ のように，$k_0 n_1 l_1$, $k_0 n_1 l_2$ だけ遅れる．また，点 C, D では，全反射によって位相がそれぞれ ϕ_2, ϕ_3 だけ進む (式 (3.84) 参照) ことに注意すると，AB 間，CD 間の位相変化量はそれぞれ $\phi_{AB} = -k_0 n_1 l_1$, $\phi_{CD} = -k_0 n_1 l_2 + \phi_2 + \phi_3$ となる．これらの位相差 $\phi_{AB} - \phi_{CD}$ が 2π の整数倍であれば，点 A と点 C, 点 B と点 D とがそれぞれ同位相になるので，導波モードの存在条件は

$$[k_0 n_1 l_2 - (\phi_2 + \phi_3)] - k_0 n_1 l_1 = 2m\pi \quad (m = 0, 1, 2, \cdots) \tag{5.10}$$

と書ける．ここに m は後述する導波モードの次数に対応する．式 (5.5), (5.6), (5.8), (5.9) を式 (5.10) に代入し，式 (5.7a) を用いると

$$\xi a = \begin{cases} \dfrac{1}{2} \tan^{-1} \dfrac{\eta}{\xi} + \dfrac{1}{2} \tan^{-1} \dfrac{\zeta}{\xi} + \dfrac{m\pi}{2} & (\text{TE モード}) \\ \dfrac{1}{2} \tan^{-1} \dfrac{n_1^2 \eta}{n_2^2 \xi} + \dfrac{1}{2} \tan^{-1} \dfrac{n_1^2 \zeta}{n_3^2 \xi} + \dfrac{m\pi}{2} & (\text{TM モード}) \end{cases} \tag{5.11}$$

のような分散方程式が得られる．これは伝搬定数 β を未知数とする超越方程式になっており，伝搬定数 β が分かれば電磁界分布を決定することができる (5.6 節参照)

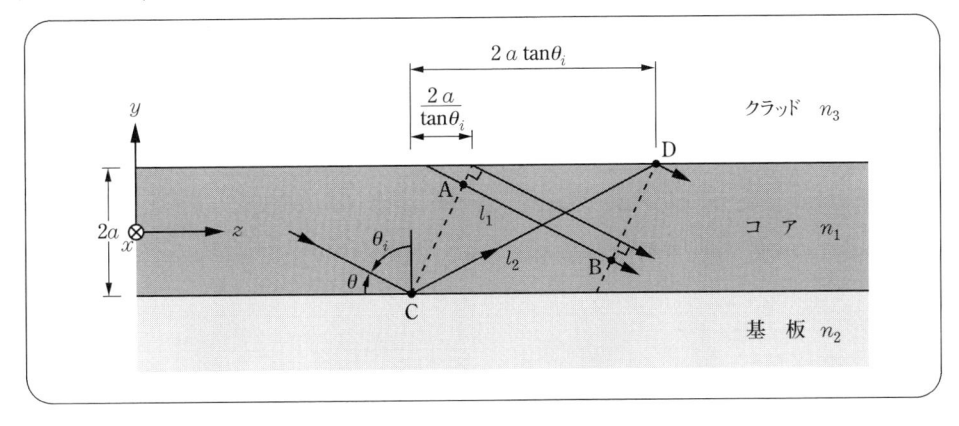

図 5.4 導波モードの存在条件

5.3 導波路の横方向等価伝送線路

斜入射平面波に対する等価伝送線路が図 3.11 (TE モード), 3.12 (TM モード) で与えられること, また導波モードの電磁界は, 基板とクラッドにおいて, エバネッセント波の形になっていることに注意すると, コア厚 $2a$ の三層誘電体導波路 (図 5.3 参照) を, **図 5.5** に示すように, これと等価な伝送線路で表示できることが分かる. コア内の y 方向位相定数 ξ は式 (5.7a) で与えられており, 基板内, クラッド内の y 方向減衰定数 η, ζ はそれぞれ式 (5.7b), (5.7c) で与えられている. 特性インピーダンス Z_{c1}, Z_{c2}, Z_{c3} は

$$Z_{c1} = \begin{cases} \dfrac{\omega\mu_0}{\xi} & (\text{TE モード}) \\ \dfrac{\xi}{\omega\varepsilon_0 n_1^2} & (\text{TM モード}) \end{cases} \tag{5.12a}$$

$$Z_{c2} = \begin{cases} j\dfrac{\omega\mu_0}{\eta} & (\text{TE モード}) \\ -j\dfrac{\eta}{\omega\varepsilon_0 n_2^2} & (\text{TM モード}) \end{cases} \tag{5.12b}$$

$$Z_{c3} = \begin{cases} j\dfrac{\omega\mu_0}{\zeta} & (\text{TE モード}) \\ -j\dfrac{\zeta}{\omega\varepsilon_0 n_3^2} & (\text{TM モード}) \end{cases} \tag{5.12c}$$

で与えられる (3.9 節参照). なお, **図 5.5** に示した等価伝送線路の方向 (y 方向) は, 導波路の実際の伝搬方向 (z 方向) とは違っていることに注意する. 一般に, 導波路の伝搬方向を縦方向, それに垂直な方向を横方向と呼ぶ習慣があるので, こうした等価伝送線路を, 横方向等価伝送線路と呼んで, 通常の伝送線路と区別する.

さて, $y = -a$ の位置を**参照面** (reference plane) T とし, ここから右側, 左側を見たインピーダンスをそれぞれ $Z_+(T)$, $Z_-(T)$ とすると, これらは

$$Z_+(T) = Z_{c1}\frac{Z_{c3} + jZ_{c1}\tan 2\xi a}{Z_{c1} + jZ_{c3}\tan 2\xi a}, \qquad Z_-(T) = Z_{c2} \tag{5.13}$$

と書ける (式 (1.80), (1.87) 参照). ここで, $y = -a + 0$ における電圧, 電流を $V_+(T)$, $I_+(T)$ とし, $y = -a - 0$ における電圧, 電流を $V_-(T)$, $I_-(T)$ とすると, 参照面 T から右側, 左側を見たインピーダンス $Z_+(T)$, $Z_-(T)$ はそれぞれ $Z_+(T) = V_+(T)/I_+(T)$, $Z_-(T) = V_-(T)/I_-(T)$ で与えられる. 参照面 T において, 電圧は連続, すなわち $V_+(T) = V_-(T)$ となり, 電流は大きさが同じで, 方向が逆, すなわち $I_+(T) = -I_-(T)$ となるので, 参照面 T から左右を見たインピーダンスの和は 0, すなわち

$$Z_+(T) + Z_-(T) = 0 \tag{5.14}$$

となる. これを**横共振条件** (transverse resonance condition) という. 導波モードの分散方程式は, この式 (5.14) から容易に求められる.

具体的に, 式 (5.13) を式 (5.14) に代入し, 式 (5.12) を用いると, 三層誘電体導波路に対して

$$\tan 2\xi a = \begin{cases} \dfrac{\xi(\eta + \zeta)}{\xi^2 - \eta\zeta} & \text{(TE モード)} \\[2ex] \dfrac{n_1^2 \xi(n_3^2 \eta + n_2^2 \zeta)}{n_2^2 n_3^2 \xi^2 - n_1^4 \eta\zeta} & \text{(TM モード)} \end{cases} \tag{5.15}$$

の分散方程式が得られる. 当然のことながら, これは式 (5.11) の分散方程式と一致している.

5.2 節で述べた分散方程式の導出法は, 物理的には理解しやすいが, 層数が多くなると, その具体的な計算は大変面倒になる. これに対して, 横共振条件を用いる方法は, どんなに多層の誘電体導波路に対しても, 対応する等価な伝送線路を接続するだけで, 三層誘電体導波路の場合と同様に取り扱うことができ, 便利である. このとき, 参照面 T は等価伝送線路上の適当な位置に設定すればよい.

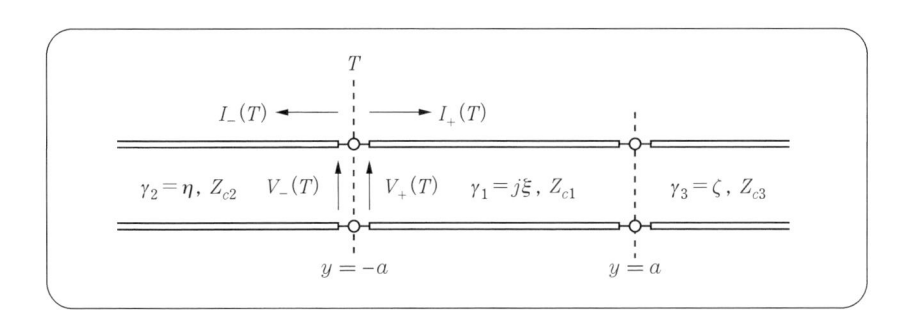

図 5.5 三層誘電体導波路の横方向等価伝送線路表示

5.4 導波路の伝送特性

分散方程式を正規化すると，導波路の伝送特性に関して，より見通しがよくなり，その取扱いも容易になる．そこで

$$v = k_0 a \sqrt{n_1^2 - n_2^2} \tag{5.16}$$

$$b = \frac{(\beta/k_0)^2 - n_2^2}{n_1^2 - n_2^2} = \frac{n_{eff}^2 - n_2^2}{n_1^2 - n_2^2} \tag{5.17}$$

$$\delta = \frac{n_2^2 - n_3^2}{n_1^2 - n_2^2} \tag{5.18}$$

のような正規化周波数 v, 正規化伝搬定数 b, 屈折率の非対称性を表す指標 δ を導入すると，y 方向の位相定数 ξ, 減衰定数 η, ζ は

$$\xi a = v\sqrt{1-b}, \qquad \eta a = v\sqrt{b}, \qquad \zeta a = v\sqrt{b+\delta} \tag{5.19}$$

となるので，式 (5.11) の分散方程式を

$$2v\sqrt{1-b} = \begin{cases} \tan^{-1}\sqrt{\dfrac{b}{1-b}} + \tan^{-1}\sqrt{\dfrac{b+\delta}{1-b}} + m\pi & (\text{TE モード}) \\ \tan^{-1}\dfrac{n_1^2}{n_2^2}\sqrt{\dfrac{b}{1-b}} + \tan^{-1}\dfrac{n_1^2}{n_3^2}\sqrt{\dfrac{b+\delta}{1-b}} + m\pi & (\text{TM モード}) \end{cases} \tag{5.20}$$

と書き直すことができる．このように分散方程式を正規化すると，TE モードについては，屈折率分布と無関係にその伝送特性を調べることができる．伝送特性は m の値によって異なり，$m = 0$ のモードを**基本モード** (fundamental mode)，それ以外のモードを**高次モード** (higher-order mode) という．

正規化伝搬定数 b を用いると，導波モードの存在条件 $n_2 < n_{eff} < n_1$ は

$$0 < b < 1 \tag{5.21}$$

と書ける．また，$n_{eff} < n_2$ では，導波モードが存在しないので，$n_{eff} = n_2$ を**遮断 (カットオフ) 条件** (cut-off condition) と呼ぶ．このカットオフ条件は b 値を用いると，$b = 0$ と書けるので，カットオフ周波数に対応する正規化カットオフ周波数は，式 (5.20) から

$$2v_{cm} = \begin{cases} \tan^{-1}\sqrt{\delta} + m\pi & (\text{TE モード}) \\ \tan^{-1}(n_1^2\sqrt{\delta}/n_3^2) + m\pi & (\text{TM モード}) \end{cases} \quad (5.22)$$

で与えられる (問 5.2 参照).カットオフ周波数は m の値によって異なり,基本モード ($m=0$) のカットオフ周波数が最も低く,高次モードのカットオフ周波数は,m の値が大きなモードほど高くなる.したがって,高次モードのカットオフ周波数は,$m=1$ のモードが最も低く,これを第一高次モードという.第一高次モードのカットオフ周波数よりも低い周波数帯域では,基本モードのみが伝搬可能であり,このような導波路を**単一モード導波路** (single-mode waveguide) という.なお,v 値が $v < v_{cm}$ となる導波路には,基本モードを含めて m 個の導波モードが存在することになる.

ここで,光ファイバの近似モデルにもなる対称誘電体導波路 ($n_2 = n_3, \delta = 0$) を考えると,式 (5.20) は

$$v\sqrt{1-b} = \begin{cases} \tan^{-1}\sqrt{\dfrac{b}{1-b}} + \dfrac{m\pi}{2} & (\text{TE モード}) \\ \tan^{-1}\dfrac{n_1^2}{n_2^2}\sqrt{\dfrac{b}{1-b}} + \dfrac{m\pi}{2} & (\text{TM モード}) \end{cases} \quad (5.23)$$

となる.また,正規化カットオフ周波数は,TE モード,TM モードのいずれも

$$v_{cm} = \frac{m\pi}{2} \quad (5.24)$$

となり,対称構造の場合,基本モード ($m=0$) には,カットオフ周波数がないことになる.特に,第一高次モード ($m=1$) の正規化カットオフ周波数 v_{c1} をカットオフ v 値と呼び

$$v_c = \frac{\pi}{2} \quad (5.25)$$

のように,通常,単に v_c と書く.これに対応するカットオフ周波数 f_c,カットオフ波長 λ_c はそれぞれ

$$f_c = \frac{c}{4a\sqrt{n_1^2 - n_2^2}} \quad (5.26)$$

$$\lambda_c = 4a\sqrt{n_1^2 - n_2^2} \quad (5.27)$$

で与えられる (問 5.3 参照).導波路は,カットオフ周波数より低い周波数帯域で,換言すると,カットオフ波長より長い波長帯域で単一モード動作をすることになる.

5.5 分散曲線

周波数 f (あるいはこれに対応する量) と伝搬定数 β (あるいはこれに対応する量) との関係を図示したものを**分散曲線** (dispersion curve) という.

ところで,分散方程式は超越方程式になっているので,分散曲線を正確に描こうとすると,分散方程式を数値的に直接解く必要がある.**図 5.6** は,非対称構造 ($\delta \neq 0$) の場合も含めて,式 (5.20) の TE モードに対する分散方程式を解いて求められた分散曲線を示したものである.ここに $\delta = 0, 1, 5$ としている.対称構造の場合には,$m = 0$ の基本 TE モード (TE$_0$ モード) にカットオフはないが,構造が非対称になると,TE$_0$ モードにもカットオフが存在し,いずれのモードも,構造の非対称性が大きくなると,カットオフ周波数が高くなることが分かる.こうしたことは,TM モードについても同じようにいえる.

図 5.7 は,対称誘電体導波路の分散方程式,すなわち式 (5.23) から求められた分散曲線を,基本モードである TE$_0$ モード,TM$_0$ モードについて示したものである.ここに $n_1 = 1.5$ とし,$n_2 = 1.0, 1.2, 1.4$ としている.コアとクラッドの屈折率差が小さくなると,伝送特性の偏波依存性も小さくなることが分かる.

以上のように,導波モードの b 値,すなわち実効屈折率 n_{eff},あるいは伝搬定数 β は,モードの次数 m が整数であるので,離散的な値をとる.これは,図 5.4 に示した伝搬角 $\theta = \pi/2 - \theta_i$ が,あるいくつかの特定の値をもつ光線のみが導波モードとして伝搬できることに対応する.このことを簡単に確かめてみるために,対称プレーナ光導波路を伝搬する TE モードを考えると,式 (5.19),(5.23) から,y 方向位相定数 ξ は

$$\xi a = \tan^{-1}\sqrt{\frac{b}{1-b}} + \frac{m\pi}{2} \tag{5.28}$$

と書ける.コア内を角度 θ の方向に伝搬する平面波の波数は $k_0 n_1$ であるので,伝搬角 θ は

$$\sin\theta = \frac{\xi}{k_0 n_1} = \frac{\lambda}{4 n_1 a}\left(\frac{2}{\pi}\tan^{-1}\sqrt{\frac{b}{1-b}} + m\right) \tag{5.29}$$

で与えられる.多数のモードが伝搬しているとして $b \fallingdotseq 1$ とする (図 5.6 参照) と,式 (5.29) は

$$\sin\theta \simeq \frac{\lambda}{4n_1 a}(1+m) \tag{5.30}$$

となり，伝搬角 θ は高次のモードほど大きくなる．また，基本モード $(m=0)$ であっても，$\theta=0$ とはならず，すべての光線はコア内をジグザグに伝搬することが分かる．

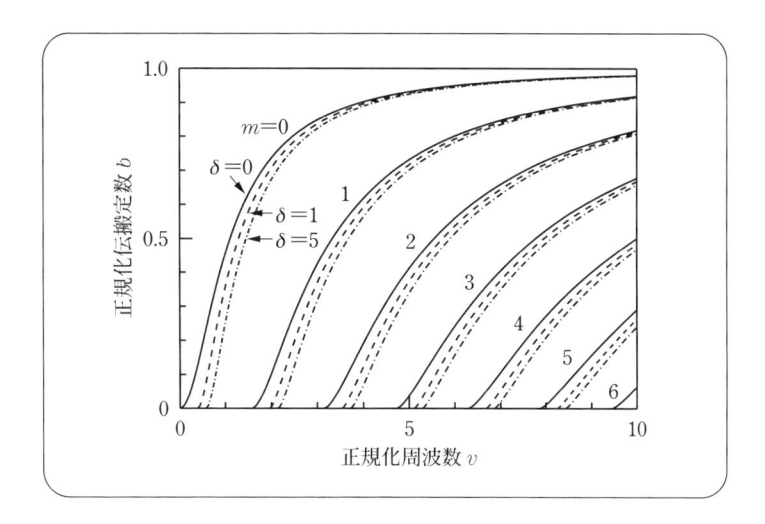

図 5.6　三層誘電体導波路の TE モードの分散曲線

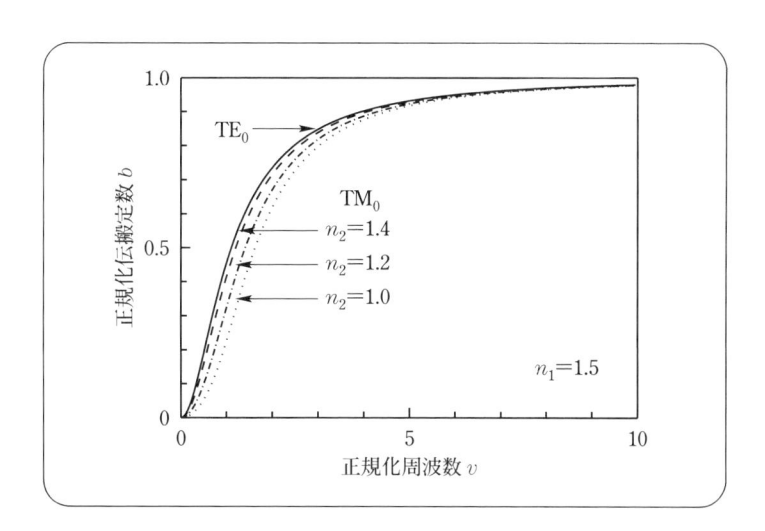

図 5.7　対称誘電体導波路の基本 TE_0, TM_0 モードの分散曲線

5.6 導波モードの電磁界分布

コア内 ($-a \leq y \leq a$) においては，$+y, -y$ 方向にそれぞれ $\exp(-j\xi y)$, $\exp(j\xi y)$ の形で伝搬する伝搬波が存在し，これらの線形結合で表される解は，オイラーの恒等式から，$\cos \xi y$ と $\sin \xi y$ の線形結合としても表せること，また基板内 ($y \leq -a$)，クラッド内 ($a \leq y$) においては，それぞれ $\exp(\eta y)$, $\exp(-\zeta y)$ の形で減衰するエバネッセント波が存在することに注意し，TE モード (TM モード) の場合には，図 5.5 に示した横方向等価伝送線路の接続点 $y = -a$, $+a$ における電圧，すなわち電界 E_x (電流，すなわち磁界 H_x) の連続条件を用いると，電圧分布 (電流分布) $\Phi(y)$ は次式で与えられる (位相 ϕ は式 (5.37) 参照)．

$$\Phi(y) = \begin{cases} \cos(\xi a - \phi)\exp[-\zeta(y-a)] & (a \leq y) \\ \cos(\xi y - \phi) & (-a \leq y \leq a) \\ \cos(\xi a + \phi)\exp[\eta(y+a)] & (y \leq -a) \end{cases} \tag{5.31}$$

こうした電圧分布 (電流分布) が分かると，電界や磁界は，TE モードに対して

$$E_x = A\Phi(y)\exp(-j\beta z) \tag{5.32a}$$

$$H_y = A\frac{\beta}{\omega\mu_0}\Phi(y)\exp(-j\beta z) \tag{5.32b}$$

$$H_z = -jA\frac{1}{\omega\mu_0}\frac{d\Phi(y)}{dy}\exp(-j\beta z) \tag{5.32c}$$

で与えられ，TM モードに対して

$$H_x = A\Phi(y)\exp(-j\beta z) \tag{5.33a}$$

$$E_y = -A\frac{\beta}{\omega\varepsilon_0 n^2(y)}\Phi(y)\exp(-j\beta z) \tag{5.33b}$$

$$E_z = jA\frac{1}{\omega\varepsilon_0 n^2(y)}\frac{d\Phi(y)}{dy}\exp(-j\beta z) \tag{5.33c}$$

で与えられる (問 5.1 の解答参照)．ここに定数 A はモード振幅と呼ばれ，その大きさ $|A|$ は，導波路の伝送電力 P によって

$$P = \begin{cases} +|A|^2 & (\text{前進波}: v_g > 0) \\ -|A|^2 & (\text{後進波}: v_g < 0) \end{cases} \tag{5.34}$$

となるように定められる.ここに v_g は群速度 (1.12 節参照) である.モード振幅 A の位相については,入射条件やほかのモードとの位相関係によって適宜定められる.また,$n(y)$ はコア,基板,クラッドに対して,それぞれ n_1,n_2,n_3 とする.式 (5.31) 中の位相 ϕ は,この段階でまだ考慮されていなかった伝送線路の接続点 $y = -a$,$+a$ における電流,すなわち磁界 H_z (電圧,すなわち電界 E_z) の連続条件を用いると

$$\tan(\xi a + \phi) = \begin{cases} \dfrac{\eta}{\xi} & (\text{TE モード}) \\ \dfrac{n_1^2 \eta}{n_2^2 \xi} & (\text{TM モード}) \end{cases} \tag{5.35}$$

$$\tan(\xi a - \phi) = \begin{cases} \dfrac{\zeta}{\xi} & (\text{TE モード}) \\ \dfrac{n_1^2 \zeta}{n_3^2 \xi} & (\text{TM モード}) \end{cases} \tag{5.36}$$

から次式で与えられる.このとき,同時に式 (5.11) の分散方程式も得られる.

$$\phi = \begin{cases} \dfrac{1}{2}\tan^{-1}\dfrac{\eta}{\xi} - \dfrac{1}{2}\tan^{-1}\dfrac{\zeta}{\xi} + \dfrac{m\pi}{2} & (\text{TE モード}) \\ \dfrac{1}{2}\tan^{-1}\dfrac{n_1^2\eta}{n_2^2\xi} - \dfrac{1}{2}\tan^{-1}\dfrac{n_1^2\zeta}{n_3^2\xi} + \dfrac{m\pi}{2} & (\text{TM モード}) \end{cases} \tag{5.37}$$

図 5.8 は,対称誘電体導波路の TE モードの電界 E_x,あるいは TM モードの磁界 H_x の横方向分布 $\Phi(y)$ を,基本モード ($m = 0$),第一高次モード ($m = 1$),第二高次モード ($m = 2$) について示したものである.ここに正規化周波数を $v = 5$ としている.

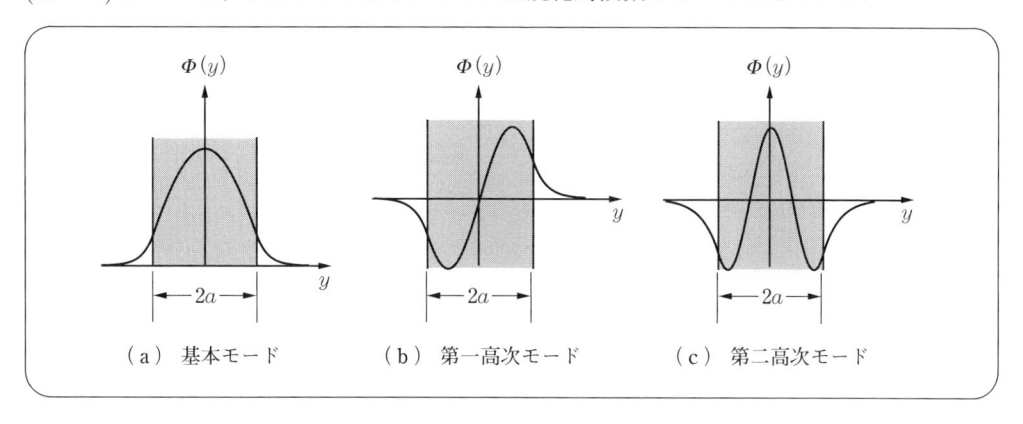

(a) 基本モード　　(b) 第一高次モード　　(c) 第二高次モード

図 5.8　対称誘電体導波路の電界あるいは磁界の横方向分布

5.7 モード結合

伝搬方向に構造が変化しない一様な導波路には，その導波路に固有のさまざまなモードが存在する．これらのモードは互いに直交しているので，それぞれ単独で伝搬でき，モード間でパワーが変換されることはない．ところが導波路に何らかの摂動を加える（図 5.1，5.2 参照）と，モード間に結合が生じ，互いのパワーが変換されるようになる．こうした現象は**モード結合** (mode coupling) と呼ばれ，**モード結合理論** (coupled mode theory) によって近似的に解析できる．この方法は，計算が容易なだけでなく，波動の結合現象の物理的意味を理解したり，その特性のおおよその傾向を把握するのに非常に便利なものである．

いま，二つのモード 1, 2 のモード振幅をそれぞれ A_1, A_2, 伝搬定数をそれぞれ β_1, β_2, 群速度をそれぞれ v_{g1}, v_{g2} とし，モード振幅に伝搬方向依存性をもたせて

$$a_1(z) = A_1 \exp(-j\beta_1 z), \qquad a_2(z) = A_2 \exp(-j\beta_2 z) \tag{5.38}$$

のようなモード振幅 $a_1(z)$, $a_2(z)$ を新たに定義すると，これらが

$$\frac{da_1}{dz} = -j\beta_1 a_1, \qquad \frac{da_2}{dz} = -j\beta_2 a_2 \tag{5.39}$$

の関係式を満たしていることは容易に分かる．ここで，二つのモード 1, 2 が互いに結合しているとして，式 (5.39) を

$$\frac{da_1}{dz} = -j\beta_1 a_1 + \kappa_{12} a_2, \qquad \frac{da_2}{dz} = -j\beta_2 a_2 + \kappa_{21} a_1 \tag{5.40}$$

と書き直したとき，これを**モード結合方程式** (coupled mode equation) という．ここに κ_{12}, κ_{21} は**結合係数** (coupling coefficient) と呼ばれ，実際には，具体的な個々の構造について，その値を計算，あるいは実測する必要がある．

さて，二つのモード 1, 2 が，いずれも $+z$ 方向に伝搬する同方向結合 ($v_{g1} > 0$, $v_{g2} > 0$) と，モード 1, 2 がそれぞれ $+z$, $-z$ 方向に伝搬する逆方向結合 ($v_{g1} > 0$, $v_{g2} < 0$) を考えると，全伝送電力 P は，式 (5.34) から

$$P = \begin{cases} |a_1|^2 + |a_2|^2 & （同方向結合: v_{g1} > 0, v_{g2} > 0） \\ |a_1|^2 - |a_2|^2 & （逆方向結合: v_{g1} > 0, v_{g2} < 0） \end{cases} \tag{5.41}$$

と書ける．結合領域に損失や利得がなければ，この電力は保存されるので，P は位置 z によらず一定で

$$\frac{dP}{dz} = \left(\frac{da_1}{dz}a_1^* + a_1\frac{da_1^*}{dz}\right) \pm \left(\frac{da_2}{dz}a_2^* + a_2\frac{da_2^*}{dz}\right) = 0 \tag{5.42}$$

となる．ここに複号は，同方向結合に対して正符号，逆方向結合に対して負符号をとるものとする．

式 (5.40) を式 (5.42) に代入すると

$$(\kappa_{12}^* \pm \kappa_{21})a_1 a_2^* + (\kappa_{12} \pm \kappa_{21}^*)a_1^* a_2 = 0 \tag{5.43}$$

となり，これが任意のモード振幅 a_1, a_2 に対して成り立つためには，結合係数 κ_{12}, κ_{21} は

$$\boxed{\kappa_{12} = \begin{cases} -\kappa_{21}^* & \text{同方向結合} \\ \kappa_{21}^* & \text{逆方向結合} \end{cases}} \tag{5.44}$$

を満たさなければならないことが分かる．

☕ 談 話 室 ☕

モード結合方程式　モード振幅 $a_1(z), a_2(z)$ を，改めて

$$a_1(z) = A_1(z)\exp(-j\beta_1 z), \qquad a_2(z) = A_2(z)\exp(-j\beta_2 z) \tag{5.45}$$

のように定義し，これらを式 (5.40) に代入すると

$$\frac{dA_1}{dz} = \kappa_{12} A_2 \exp(j2\delta z), \qquad \frac{dA_2}{dz} = \kappa_{21} A_1 \exp(-j2\delta z) \tag{5.46}$$

が得られる．ここに $A_1(z), A_2(z)$ は，二つのモード 1, 2 の非摂動 (非結合) 状態での伝搬項 $\exp(-j\beta_1 z), \exp(-j\beta_2 z)$ を取り除いた形のモード振幅であり，δ は，次節の式 (5.52) で定義される位相不整合量である．本書では，式 (5.40) をモード結合方程式として用いているが，式 (5.46) をモード結合方程式として用いることも多い．

5.8 受動的結合

二つのモード 1, 2 が，いずれも $+z$ 方向に伝搬する同方向結合 ($v_{g1} > 0$, $v_{g2} > 0$) の場合に，モード結合方程式は，式 (5.40)，(5.44) から，$\kappa_{12} = -j\kappa$，$\kappa_{21} = -\kappa_{12}^* = -j\kappa$ (κ は実数) として

$$\frac{da_1}{dz} = -j\beta_1 a_1 - j\kappa a_2 \tag{5.47a}$$

$$\frac{da_2}{dz} = -j\beta_2 a_2 - j\kappa a_1 \tag{5.47b}$$

となる．式 (5.47) からモード振幅 a_2 を消去すると

$$\frac{d^2 a_1}{dz^2} + j(\beta_1 + \beta_2)\frac{da_1}{dz} + (\kappa^2 - \beta_1\beta_2)a_1 = 0 \tag{5.48}$$

が得られる．ここで，$\exp(-\gamma z)$ の形の解を仮定し，これを式 (5.48) に代入すると，γ は

$$\gamma^2 - j(\beta_1 + \beta_2)\gamma + (\kappa^2 - \beta_1\beta_2) = 0 \tag{5.49}$$

を満たす．これから，γ が

$$\gamma = \begin{cases} \gamma_a = j\dfrac{\beta_1 + \beta_2}{2} + j\sqrt{\left(\dfrac{\beta_1 - \beta_2}{2}\right)^2 + \kappa^2} \\ \gamma_b = j\dfrac{\beta_1 + \beta_2}{2} - j\sqrt{\left(\dfrac{\beta_1 - \beta_2}{2}\right)^2 + \kappa^2} \end{cases} \tag{5.50}$$

と求められる．すなわち，γ は純虚数であり，結合波は伝搬方向に周期的な変化を繰り返すので，こうした結合は**受動的結合** (passive coupling) と呼ばれる．

いま，平均伝搬定数 β_{avg}, 位相不整合量 δ を

$$\beta_{avg} = \frac{\beta_1 + \beta_2}{2} \tag{5.51}$$

$$\delta = \frac{\beta_1 - \beta_2}{2} \tag{5.52}$$

と定義し

$$\beta_c = \sqrt{\delta^2 + \kappa^2} \tag{5.53}$$

5.8 受動的結合

とおくと，式 (5.47) のモード結合方程式の一般解は

$$a_1(z) = a \exp(-j\beta_a z) + b \exp(-j\beta_b z) \tag{5.54a}$$

$$a_2(z) = \frac{\beta_c - \delta}{\kappa} a \exp(-j\beta_a z) - \frac{\beta_c + \delta}{\kappa} b \exp(-j\beta_b z) \tag{5.54b}$$

と求められる．ここに a, b は定数であり，結合波の伝搬定数 β_a, β_b は

$$\beta_a = \beta_{avg} + \beta_c, \qquad \beta_b = \beta_{avg} - \beta_c \tag{5.55}$$

で与えられる．

このように，二つのモード 1, 2 が受動的に結合することによって，ある角周波数 ω における結合波の伝搬定数は，平均伝搬定数 β_{avg} より β_c だけ大きい β_a と，β_c だけ小さい β_b に変化する．**図 5.9** は，伝搬定数 β_a, β_b の変化の様子を，ブリユアンダイアグラムとして概念的に示したものである．二つのモードの伝搬定数が等しく，$\beta_1 = \beta_2 \equiv \beta_0$ となる角周波数 ω_0 では，結合波の伝搬定数は，$\beta_a = \beta_0 + |\kappa|, \beta_b = \beta_0 - |\kappa|$ となり，結合係数の大きさ $|\kappa|$ だけ変化することになる．

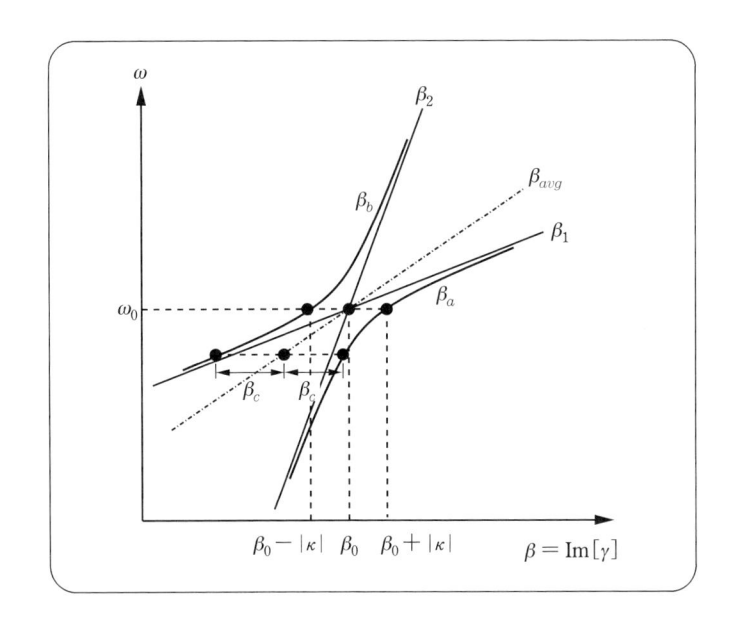

図 5.9　受動的結合のブリユアンダイアグラム

5.9 同方向結合の伝送電力

二つのモード 1, 2 が，いずれも $+z$ 方向に伝搬する同方向結合 ($v_{g1} > 0$, $v_{g2} > 0$) の場合，$z = 0$ において，モード振幅 $a_1(0)$ のモード 1 のみが入力されたとすると，$a_2(0) = 0$ であるので，モード結合方程式の一般解は，式 (5.54) から

$$a_1(z) = a_1(0) \exp(-j\beta_{avg} z) \left(\cos \beta_c z - j \frac{\delta}{\beta_c} \sin \beta_c z \right) \tag{5.56a}$$

$$a_2(z) = -j a_1(0) \exp(-j\beta_{avg} z) \frac{\kappa}{\beta_c} \sin \beta_c z \tag{5.56b}$$

で与えられる．このとき，規格化伝送電力 $P_1(z)$, $P_2(z)$ は

$$P_1(z) = \frac{|a_1(z)|^2}{|a_1(0)|^2} = 1 - F \sin^2 \beta_c z = 1 - F \sin^2 \frac{|\kappa| z}{\sqrt{F}} \tag{5.57a}$$

$$P_2(z) = \frac{|a_2(z)|^2}{|a_1(0)|^2} = F \sin^2 \beta_c z = F \sin^2 \frac{|\kappa| z}{\sqrt{F}} \tag{5.57b}$$

によって求められる (問 5.4 参照)．ここに $P_2(z)$ は**結合効率** (coupling efficiency) に対応する．また，**電力移行率** (power-conversion efficiency) F は次式で与えられる．

$$F = \left(\frac{\kappa}{\beta_c} \right)^2 = \frac{1}{1 + \left(\frac{\delta}{\kappa} \right)^2} \tag{5.58}$$

図 5.10 は，伝送電力 P_1, P_2 の伝搬距離依存性を示したもので，伝搬距離 z を結合係数の大きさ $|\kappa|$ で規格化してある．ここに $|\delta|/|\kappa|$ の値を 0, 1.0, 2.0 としており，このとき電力移行率 F はそれぞれ 1, 0.5, 0.2 となる．二つのモードの伝搬定数が等しい，すなわち $\delta = 0$ の場合，電力移行が 100% になるので，この条件を**位相整合条件** (phase matching condition) という．また，位相整合条件が満たされているとき，二つのモードは同期しているという．この図から，同方向結合には，次のような特徴があることが分かる．

① 入力されたモードは伝搬とともに，もう一方のモードに移行し，最大の電力移行率は F で与えられる．それぞれの電力は周期的に変化するが，$P_1(z) + P_2(z) = 1$, すなわち伝送電力は全体として保存される．

② 位相整合条件が満たされている場合 ($\delta = 0$) には，電力の移行が 100% になり，移行

する距離 L_c は次式で与えられ，**完全結合長** (perfect coupling length) と呼ばれる．

$$L_c = \frac{\pi}{2|\kappa|} \tag{5.59}$$

③ 位相整合条件が満たされていない場合 ($\delta \neq 0$) には，$|\delta|$ の値が大きくなるとともに，電力の移行は小さくなり，電力変化の周期 $2l_c$ も短くなる．このとき，結合長 l_c は

$$l_c = \frac{\pi}{2\beta_c} = \frac{\pi}{2\sqrt{\kappa^2 + \delta^2}} = \sqrt{F} L_c \tag{5.60}$$

で与えられる．

ところで，位相整合条件が満たされていないと，有効なモード結合が生じないが，たとえ二つのモードが同期していなくても，周期構造 (周期 Λ) を利用することによって位相整合条件を満足させることができる．このような場合には，モード 1, 2 に関する伝搬定数を

$$\beta_1 = \beta_{1m} - mK \qquad (m = 0, \pm 1, \pm 2, \cdots) \tag{5.61a}$$

$$\beta_2 = \beta_{2m'} - m'K \qquad (m' = 0, \pm 1, \pm 2 \cdots) \tag{5.61b}$$

とおき (式 (2.127) 参照)，式 (5.52) の δ を

$$\delta = \frac{\beta_{1m} - mK - (\beta_{2m'} - m'K)}{2} \tag{5.62}$$

に置き換えると，これまでと全く同じ議論が成り立つ．ここに m, m' はそれぞれモード 1, 2 に関する空間高調波の次数，K は周期 Λ に対応する波数である (式 (2.126) 参照).

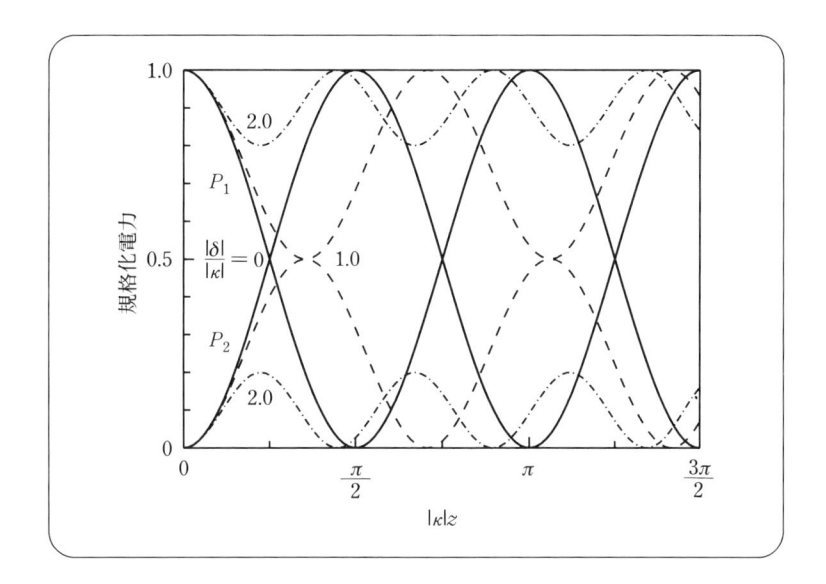

図 5.10 同方向結合における伝送電力 P_1，P_2 の伝搬距離依存性

5.10 能動的結合

二つのモード 1, 2 がそれぞれ $+z$, $-z$ 方向に伝搬する逆方向結合 ($v_{g1} > 0$, $v_{g2} < 0$) の場合，モード結合方程式は，式 (5.40)，(5.44) から，$\kappa_{12} \equiv -j\kappa$, $\kappa_{21} = \kappa_{12}^* = j\kappa$ (κ は実数) として

$$\frac{da_1}{dz} = -j\beta_1 a_1 - j\kappa a_2 \qquad \frac{da_2}{dz} = -j\beta_2 a_2 + j\kappa a_1 \tag{5.63}$$

となる．式 (5.63) からモード振幅 a_2 を消去すると

$$\frac{d^2 a_1}{dz^2} + j(\beta_1 + \beta_2)\frac{da_1}{dz} - (\kappa^2 + \beta_1 \beta_2)a_1 = 0 \tag{5.64}$$

が得られる．ここで，$\exp(-\gamma z)$ の形の解を仮定し，これを式 (5.64) に代入すると，γ は

$$\gamma^2 - j(\beta_1 + \beta_2)\gamma - (\kappa^2 + \beta_1 \beta_2) = 0 \tag{5.65}$$

を満たす．これから，γ は，$|\delta| < |\kappa|$ のとき

$$\gamma = \begin{cases} \gamma_a = j\beta_{avg} + \sqrt{\kappa^2 - \delta^2} \\ \gamma_b = j\beta_{avg} - \sqrt{\kappa^2 - \delta^2} \end{cases} \tag{5.66}$$

と求められ，$|\delta| > |\kappa|$ のとき

$$\gamma = \begin{cases} \gamma_a = j\beta_{avg} + j\sqrt{\delta^2 - \kappa^2} \\ \gamma_b = j\beta_{avg} - j\sqrt{\delta^2 - \kappa^2} \end{cases} \tag{5.67}$$

と求められる．すなわち，γ は，位相不整合量の大きさ $|\delta|$ (式 (5.52) 参照) と結合係数の大きさ $|\kappa|$ の大小関係によって実部をもつことがあり，結合波は伝搬方向に指数関数的に減衰，あるいは増大するので，こうした結合は**能動的結合** (active coupling) と呼ばれる．

いま，$|\delta|$ と $|\kappa|$ との大小関係によって

$$\alpha_c = \sqrt{\kappa^2 - \delta^2} \tag{5.68}$$
$$\beta_c = \sqrt{\delta^2 - \kappa^2} \tag{5.69}$$

のような α_c, β_c を定義すると，式 (5.63) のモード結合方程式の一般解は，$|\delta| < |\kappa|$ のとき

$$a_1(z) = a\exp(-j\beta_a z) + b\exp(-j\beta_b z) \tag{5.70a}$$

$$a_2(z) = \frac{-j\alpha_c - \delta}{\kappa} a\exp(-j\beta_a z) - \frac{-j\alpha_c + \delta}{\kappa} b\exp(-j\beta_b z) \tag{5.70b}$$

と求められ，$|\delta| > |\kappa|$ のとき

$$a_1(z) = a\exp(-j\beta_a z) + b\exp(-j\beta_b z) \tag{5.71a}$$

$$a_2(z) = \frac{\beta_c - \delta}{\kappa} a\exp(-j\beta_a z) - \frac{\beta_c + \delta}{\kappa} b\exp(-j\beta_b z) \tag{5.71b}$$

と求められる．ここに a, b は定数である．また，結合波の伝搬定数 β_a, β_b は，ストップバンド (2.12 節参照) に対応する $|\delta| < |\kappa|$ となる周波数帯では，平均伝搬定数 β_{avg} (式 (5.51) 参照) を用いて

$$\beta_a = \beta_{avg} - j\alpha_c, \quad \beta_b = \beta_{avg} + j\alpha_c \tag{5.72}$$

のように与えられ，複素数になる．一方，パスバンド (2.12 節参照) に対応する $|\delta| > |\kappa|$ となる周波数帯では

$$\beta_a = \beta_{avg} + \beta_c, \quad \beta_b = \beta_{avg} - \beta_c \tag{5.73}$$

のように与えられ，受動的結合の場合と同様に，平均伝搬定数 β_{avg} より β_c だけ大きい β_a と，β_c だけ小さい β_b に変化する．**図 5.11** は，このような変化の様子を，ブリユアンダイアグラムとして概念的に示したものである．

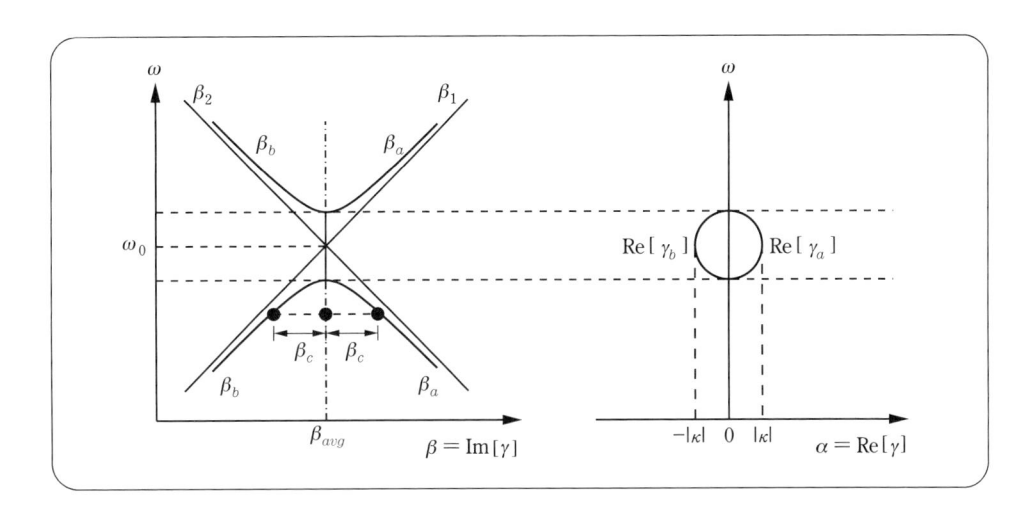

図 5.11 能動的結合のブリユアンダイアグラム

5.11 逆方向結合の伝送電力

二つのモード 1, 2 がそれぞれ $+z, -z$ 方向に伝搬する逆方向結合 ($v_{g1} > 0$, $v_{g2} < 0$) の場合に，$z = 0$ でモード振幅 $a_1(0)$ のモード 1 が入力され，$z = l$ で後進モードはないとすると，$a_2(l) = 0$ であるので，モード結合方程式の一般解は，$|\delta| < |\kappa|$ のとき，式 (5.70) から

$$a_1(z) = a_1(0)\exp(-j\beta_{avg}z)\frac{\alpha_c \cosh\alpha_c(z-l) - j\delta \sinh\alpha_c(z-l)}{\alpha_c \cosh\alpha_c l + j\delta \sinh\alpha_c l} \tag{5.74a}$$

$$a_2(z) = a_1(0)\exp(-j\beta_{avg}z)\frac{j\kappa \sinh\alpha_c(z-l)}{\alpha_c \cosh\alpha_c l + j\delta \sinh\alpha_c l} \tag{5.74b}$$

となる．このとき，規格化伝送電力 $P_1(z), P_2(z)$ は

$$P_1(z) = \frac{1 + F\sinh^2\alpha_c(z-l)}{1 + F\sinh^2\alpha_c l}, \qquad P_2(z) = -\frac{F\sinh^2\alpha_c(z-l)}{1 + F\sinh^2\alpha_c l} \tag{5.75}$$

によって求められる．ここに F は次式で与えられる．

$$F = \left(\frac{\kappa}{\alpha_c}\right)^2 = \frac{1}{1 - \left(\dfrac{\delta}{\kappa}\right)^2} \tag{5.76}$$

一方，$|\delta| > |\kappa|$ のときは，式 (5.71) から

$$a_1(z) = a_1(0)\exp(-j\beta_{avg}z)\frac{\beta_c \cos\beta_c(z-l) - j\delta \sin\beta_c(z-l)}{\beta_c \cos\beta_c l + j\delta \sin\beta_c l} \tag{5.77a}$$

$$a_2(z) = a_1(0)\exp(-j\beta_{avg}z)\frac{j\kappa \sin\beta_c(z-l)}{\beta_c \cos\beta_c l + j\delta \sin\beta_c l} \tag{5.77b}$$

となる．このとき，規格化伝送電力 $P_1(z), P_2(z)$ は

$$P_1(z) = \frac{1 + F\sin^2\beta_c(z-l)}{1 + F\sin^2\beta_c l}, \qquad P_2(z) = -\frac{F\sin^2\beta_c(z-l)}{1 + F\sin^2\beta_c l} \tag{5.78}$$

によって求められる．ここに F は次式で与えられる．

$$F = \left(\frac{\kappa}{\beta_c}\right)^2 = \frac{1}{\left(\dfrac{\delta}{\kappa}\right)^2 - 1} \tag{5.79}$$

5.11 逆方向結合の伝送電力

図 5.12(a), (b) は, それぞれ $|\kappa|l = 1.0, 2.0$ とした場合の伝送電力の伝搬距離依存性を示したものである. ここに $|\delta|/|\kappa|$ の値を 0, 1.0, 2.0 としている. この図から, 逆方向結合には, 次のような特徴があることが分かる.

① $|\delta| < |\kappa|$ のとき, 入力前進モードは伝搬とともに後進モードに移行する. この場合, 伝搬定数が複素数になっており, その虚数部が電力の減少, 増大を表しているので, 前進モードの電力は伝搬とともに減少し, 後進モードの電力は伝搬とともに増大する. こうした状態はストップバンドに対応する. なお, $P_1(z) + P_2(z)$ の値は一定となり, この値は $z = l$ における前進モードの電力 $P_1(l)$ に等しく, 電力は全体として保存されている. また, 二つのモードが同期している場合 $(\delta = 0)$ の電力移行率は

$$|P_2(0)| = \tanh^2 |\kappa|l \tag{5.80}$$

で与えられ (問 5.5 参照), 結合係数の大きさ $|\kappa|$ と結合領域の長さ l が大きいほど, 移行率は大きくなる. この移行率は, $|\kappa|l \to \infty$ で 1 に漸近するが, 完全には 1 にならない.

② $|\delta| > |\kappa|$ のとき, 伝搬定数は実数になるので, 電力は伝搬方向に周期的に増減を繰り返す. ただし, 位相整合条件が満たされていないので, 有効なモード結合は生じない. この状態はパスバンドに対応する.

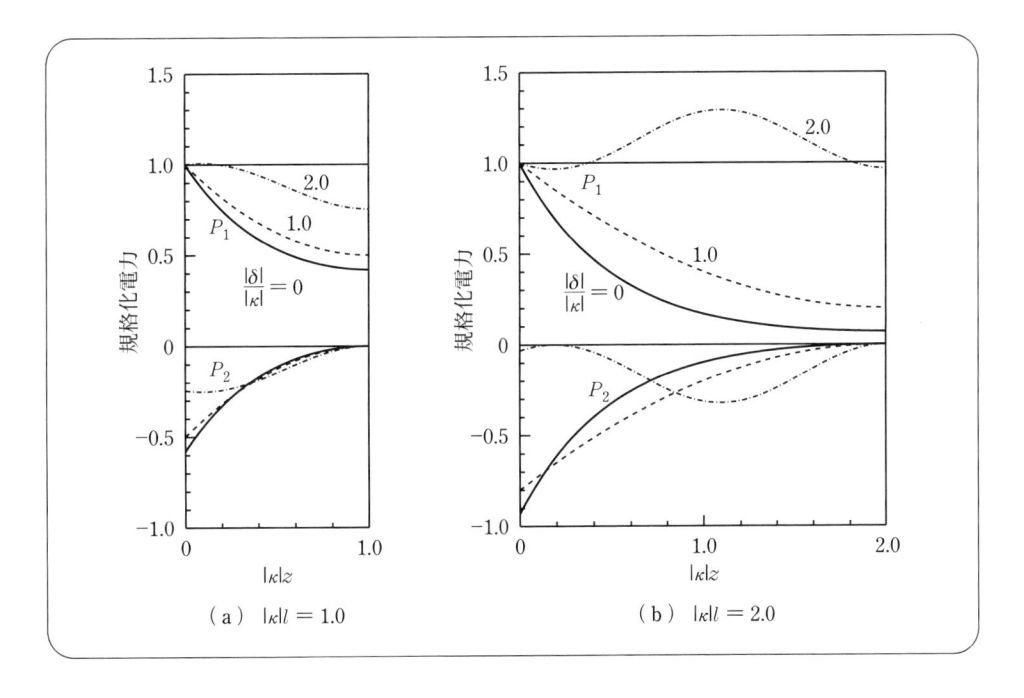

図 5.12 逆方向結合における伝送電力の伝搬距離依存性

5.12 ブラッグ反射

逆方向結合の最も重要なものは，図 5.13 に示すようなグレーティング導波路における**ブラッグ反射** (Bragg reflection) と呼ばれる現象である．このとき，モード 1, 2 はそれぞれ入射波，反射波に対応するので，これらのモードの伝搬定数 β_1, β_2 は

$$\beta_1 = -\beta_2 = k_0 n_{eff} = 2\pi n_{eff} \frac{f}{c} = 2\pi n_{eff} \frac{1}{\lambda} \tag{5.81}$$

と書ける (式 (2.129) 参照)．ここに k_0 は自由空間波数，n_{eff} は実効屈折率，f は周波数，c は光速，λ は自由空間波長である．式 (5.52)，(5.81) から分かるように，このままでは位相整合条件 ($\delta = 0$) を満足させることはない．そこで，モード 1, 2 をそれぞれ m 次，m' 次の空間高調波とし，これらを改めて入射波，反射波に対応させると，式 (5.81) は

$$\beta_{1m} = -\beta_{2m'} = k_0 n_{eff} = 2\pi n_{eff} \frac{f}{c} = 2\pi n_{eff} \frac{1}{\lambda} \tag{5.82}$$

となる (式 (2.130) 参照)．ここで，グレーティング周期を $\Lambda = 2\pi/K$ (式 (2.126) 参照) とし，$m = 0, m' = -1$ とすると，式 (5.62) の δ は

$$\delta = k_0 n_{eff} - \frac{K}{2} = k_0 n_{eff} - \frac{\pi}{\Lambda} \tag{5.83}$$

となる．位相整合条件，すなわち $\delta = 0$ を満たす周波数 f_B，自由空間波長 λ_B はそれぞれブラッグ周波数，ブラッグ波長と呼ばれ

$$f_B = \frac{c}{2n_{eff}\Lambda} \tag{5.84}$$

$$\lambda_B = 2n_{eff}\Lambda \tag{5.85}$$

で与えられる (問 5.5 参照)．このとき，ストップバンドは

$$f_B - \frac{|\kappa|c}{2\pi n_{eff}} < f < f_B + \frac{|\kappa|c}{2\pi n_{eff}} \tag{5.86}$$

で与えられ，これ以外の周波数帯がパスバンドに対応する．

いま，$z = 0$ において振幅 $a_1(0)$ のモードが入力されたとすると，電力反射係数 $R_p = |P_2(0)|$ は

$$R_p = \frac{\kappa^2 \sinh^2 \alpha_c l}{\alpha_c^2 + \kappa^2 \sinh^2 \alpha_c l} \quad (\text{ストップバンド内}: |\delta| < |\kappa|) \tag{5.87}$$

$$R_p = \frac{\kappa^2 \sin^2 \beta_c l}{\beta_c^2 + \kappa^2 \sin^2 \beta_c l} \quad (\text{ストップバンド外}: |\delta| > |\kappa|) \tag{5.88}$$

$$R_p = \frac{(\kappa l)^2}{1 + (\kappa l)^2} \quad (\text{ストップバンド端}: |\delta| = |\kappa|) \tag{5.89}$$

で与えられる.また,電力透過係数 T_p は

$$T_p = 1 - R_p \tag{5.90}$$

で与えられる.**図 5.14**(a),(b) は,それぞれ $|\kappa|l = 1.0$,2.0 とした場合の電力反射係数 R_p,電力透過係数 T_p の周波数特性を示したものである.ここに横軸はブラッグ周波数 f_B からの離調 $\delta l = 2\pi n_{eff} l(f - f_B)/c$ を表している.この図から,位相整合条件 $\delta = 0$ を満たすブラッグ周波数における電力反射係数 (式 (5.80) 参照) は,$|\kappa|l$ の値が大きくなるほど大きくなること,また同時に,ストップバンド幅も広くなることが分かる.

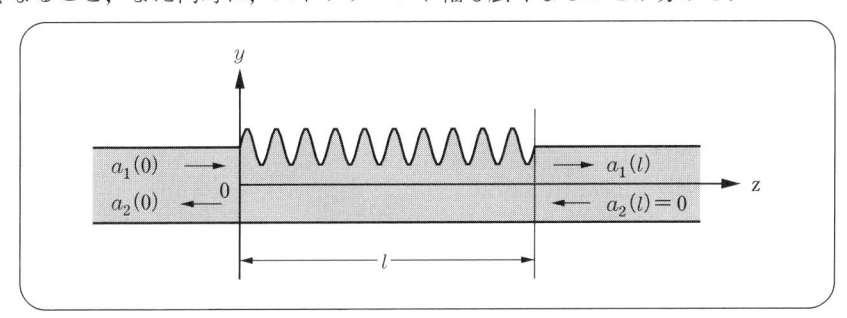

図 5.13 グレーティング導波路におけるブラッグ反射

(a) $|\kappa|l = 1.0$

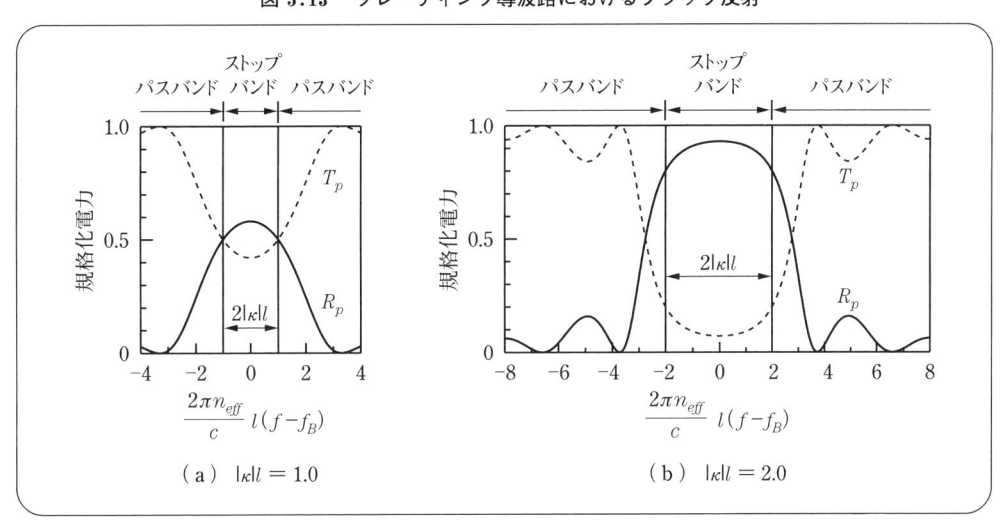

(b) $|\kappa|l = 2.0$

図 5.14 グレーティング導波路の電力反射係数 R_p,電力透過係数 T_p の周波数特性

本章のまとめ

❶ **導波路**　電磁波を局所的に閉じ込めて任意の方向に伝送させるためのもの.
❷ **導波モード**　電磁波が導波路に閉じ込められた形で伝搬するモード.
❸ **放射モード**　電磁波が導波路外へ放射されるモード.
❹ **遮断 (カットオフ) 条件**　あるモードが, 導波モードとして存在できない状態.
❺ **分散方程式**　導波モードの分散関係, すなわち周波数 (あるいは自由空間波長) と伝搬定数との関係を表す方程式.
❻ **モード結合理論**　モード間の結合現象を, モード結合方程式で取り扱う理論.
❼ **同 (逆) 方向結合**　互いに同 (逆) 方向に伝搬するモード間の結合.
❽ **位相整合条件**　二つのモードの伝搬定数が等しく電力の移行が100%の条件.
❾ **ブラッグ反射**　周期構造中を伝搬する波動の波長が, ある特定の波長 (ブラッグ波長) になったときに生じる強い反射現象.
❿ **完全結合長**　位相整合条件が満たされた場合の電力が完全に移行する距離.

●理解度の確認●

問 5.1　図 5.3 に示した導波路を伝搬する TE モード, TM モードを考え, 電界 E_x (TE モード), 磁界 H_x (TM モード) に関するヘルムホルツ方程式を導け.

問 5.2　屈折率 1.46 の石英基板上に厚さ 1.0 μm, 屈折率 1.55 のガラス薄膜を被覆し, クラッドを空気とした三層誘電体導波路中の基本モード, 第一高次モードのカットオフ波長を, TE モード, TM モードのそれぞれについて求めよ.

問 5.3　コアの屈折率が 3.35, 基板とクラッドの屈折率がいずれも 3.30 の対称誘電体導波路が, 波長 0.85 μm, 1.31 μm, 1.55 μm のそれぞれに対して単一モード動作するためのコア厚を求めよ.

問 5.4　実効屈折率 2.0, 長さ 5 mm の 2 並行導波路が, 波長 1.55 μm で 0 dB 結合器になっているとき, 導波路間に 0.01 % の伝搬定数差を与えたときの結合効率を求めよ.

問 5.5　ブラッグ波長 0.83 μm, 実効屈折率 3.5, 長さ 100 μm, 最大反射率 0.43 のグレーティング導波路のグレーティング周期と結合効率の大きさを求めよ.

参 考 文 献

1) 内藤喜之：情報伝送入門, 昭晃堂 (1976).
2) 安達三郎, 米山 務：電波伝送工学, コロナ社 (1981).
3) 大越孝敬：光エレクトロニクス, コロナ社 (1982).
4) 川上彰二郎, 松村和仁, 椎名 徹：光波電波工学, コロナ社 (1992).
5) 西原 浩, 裏 升吾：光エレクトロニクス入門, コロナ社 (1997).
6) 熊谷信昭, 塩澤俊之：電磁理論演習, コロナ社 (1998).
7) 小柴正則：基礎からの電磁気学, 培風館 (1998).
8) 栖原敏明：光波工学, コロナ社 (1998).
9) 末田 正：光エレクトロニクス入門, 丸善 (1998).
10) 後藤尚久：電磁気学, コロナ社 (2002).

理解度の確認；解説

(1 章)

問 1.1 まず，キルヒホッフの法則について説明しておくと，これには第一法則と第二法則の二つがある．

- **第一法則** 回路網中の任意の 1 点に流入する電流の総和は 0 である．このとき，流入する電流を正，流出する電流を負とする．
- **第二法則** 回路網中の任意の閉回路に関して，起電力の総和は，回路素子によって生じる逆起電力の総和に等しい．ただし，この閉回路をある一定の方向にたどったとき，この方向と同じ向きの起電力と電流を正，逆向きのものを負とする．当然のことながら，逆起電力は電流の流れる方向とは逆向きになる．

解図 1 の等価回路 (図 1.2 と同じもの) の点 P に流入する電流は $i(z,t)$ であり，流出する電流は $i(z+\Delta z,t)$, $(C\Delta z)\partial v(z,t)/\partial t$, $(G\Delta z)v(z,t)$ であるので，キルヒホッフの第一法則により

$$i(z,t) - i(z+\Delta z,t) - (C\Delta z)\frac{\partial v(z,t)}{\partial t} - (G\Delta z)v(z,t) = 0$$

が成り立ち，これから式 (1.1b) が得られる．

また，閉回路 ABCD を A から順に B，C, D の方向にたどったとき，この方向と同じ向きの起電力は $v(z,t)$，逆向きの起電力は $v(z+\Delta z,t)$ であり，逆起電力は $(L\Delta z)\partial i(z,t)/\partial t$, $(R\Delta z)i(z,t)$ であるので，キルヒホッフの第二法則により

$$v(z,t) - v(z+\Delta z,t) = (L\Delta z)\frac{\partial i(z,t)}{\partial t} + (R\Delta z)i(z,t)$$

が成り立ち，これから式 (1.1a) が得られる．

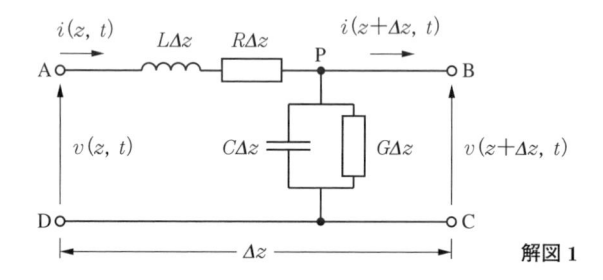

解図 1

問 1.2 反射係数 R_l とその大きさ $|R_l|$ については式 (1.68)，電圧定在波比 ρ については式 (1.76)，電圧定在波の最大点及び最小点における正規化入力インピーダンス Z_{max}/Z_c 及び Z_{min}/Z_c については式 (1.83) を用いて計算すると，**解表 1** のようになる．

問 1.3 電圧 $V(z)$ の複素振幅の大きさを $|A|$ とし，式 (1.73) を用いて計算すると，**解図 2** の実線 ($\phi_l = 0$)，破線 ($\phi_l = \pi/2$)，一点鎖線 ($\phi_l = \pi$)，二点鎖線 ($\phi_l = 3\pi/2$) のようになる．

解表 1

Z_l/Z_c	R_l	$|R_l|$	ρ	Z_{max}/Z_c	Z_{min}/Z_c
1	0	0	1	1	1
0	-1	1	∞	∞	0
∞	1	1	∞	∞	0
jx	$(jx-1)/(jx+1)$	1	∞	∞	0
2	$1/3$	$1/3$	2	2	$1/2$
$1/2$	$-1/3$	$1/3$	2	2	$1/2$

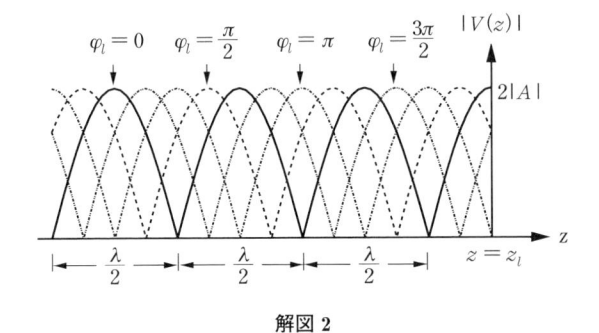

解図 2

問 1.4 負荷端 $z = z_l$ における反射係数 R_l は，定在波最小点 $z = z_{min}$ における反射係数が $R(z_{min}) = (1-\rho)/(1+\rho)$ で与えられ，定在波最小点の負荷端からの距離が $d = z_l - z_{min}$ ($z_l > z_{min}$) で与えられることに注意すると，式 (1.69) から

$$R_l = R(z_{min})\exp[-j2\beta(z_{min}-z_l)] = \frac{1-\rho}{1+\rho}\exp(j2\beta d)$$

となる．これを式 (1.68) に代入すると，未知の負荷インピーダンス Z_l が式 (1.84) のように求められる．このとき

$$\exp(j\theta) = \cos\theta + j\sin\theta$$

のようなオイラーの恒等式 と呼ばれる関係式を用いている．この恒等式は

$$\exp(-j\theta) = \cos\theta - j\sin\theta$$
$$\cos\theta = \frac{\exp(j\theta) + \exp(-j\theta)}{2}$$
$$\sin\theta = \frac{\exp(j\theta) - \exp(-j\theta)}{2j}$$

のように，さまざまな形で書くことができ，本書では，これらをいずれもオイラーの恒等式と呼ぶことにする．

問 1.5 入力端 $z = z_1$ における電圧 V_1，電流 I_1 は，式 (1.61) とオイラーの恒等式を用いると

$$V_1 = A\exp(-j\beta z_1) + B\exp(j\beta z_1)$$
$$= (A+B)\cos\beta z_1 - j(A-B)\sin\beta z_1$$
$$I_1 = [A\exp(-j\beta z_1) - B\exp(j\beta z_1)]\frac{1}{Z_c}$$
$$= [(A-B)\cos\beta z_1 - j(A+B)\sin\beta z_1]\frac{1}{Z_c}$$

と書ける．また，出力端における電圧 V_2，電流 I_2 も同様にして

$$V_2 = A\exp(-j\beta z_2) + B\exp(j\beta z_2)$$
$$= (A+B)\cos\beta z_2 - j(A-B)\sin\beta z_2$$
$$I_2 = [A\exp(-j\beta z_2) - B\exp(j\beta z_2)]\frac{1}{Z_c}$$
$$= [(A-B)\cos\beta z_2 - j(A+B)\sin\beta z_2]\frac{1}{Z_c}$$

と書ける．電圧 V_2，電流 I_2 に関する関係式から，$A+B$, $A-B$ を求めると

$$A+B = V_2\cos\beta z_2 + jZ_c I_2 \sin\beta z_2$$
$$A-B = jV_2\sin\beta z_2 + Z_c I_2 \cos\beta z_2$$

となる．これらを電圧 V_1，電流 I_1 に関する関係式に代入し，伝送線路の長さが $l = z_2 - z_1$ で与えられることに注意するとともに，三角関数に関する公式

$$\cos\beta(z_2 - z_1) = \cos\beta z_2 \cos\beta z_1 + \sin\beta z_2 \sin\beta z_1$$
$$\sin\beta(z_2 - z_1) = \sin\beta z_2 \cos\beta z_1 - \cos\beta z_2 \sin\beta z_1$$

を用いると，入力端の電圧 V_1，電流 I_1 を

$$V_1 = V_2\cos\beta l + jZ_c I_2 \sin\beta l, \qquad I_1 = j\frac{V_2}{Z_c}\sin\beta l + I_2\cos\beta l$$

のように，出力端の電圧 V_2，電流 I_2 で表すことができることが分かる．こうした関係式を用いると，入力端から右側を見たインピーダンス $Z_1 = V_1/I_1$ が，出力端から右側を見たインピーダンスを $Z_2 = V_2/I_2$ として，直ちに式 (1.87) のように与えられることも分かる．

(2 章)

問 2.1 式 (2.2) の発散をとり，式 (2.31) のベクトル公式を用いると

$$\nabla\cdot(\nabla\times\boldsymbol{H}) = 0 = \frac{\partial(\nabla\cdot\boldsymbol{D})}{\partial t} + \nabla\cdot\boldsymbol{J}$$

となる．これに式 (2.3) を代入すると，図 2.1 に示した電荷の保存則，すなわち

$$\nabla\cdot\boldsymbol{J} = -\frac{\partial\rho}{\partial t}$$

が導かれる．これは**連続の方程式** (equation of continuity) とも呼ばれる．

この電荷の保存則は微分形式で書かれているが，これを積分形式に変換すると，その物理的意味が，より分かりやすくなる．

いま，微分形式の電荷の保存則を，図 2.2 に示したような三次元領域 v について積分し，この領域が時間的に変化していないとすると

$$\int_v \nabla\cdot\boldsymbol{J}\,dv = \int_v -\frac{\partial\rho}{\partial t}\,dv = -\frac{d}{dt}\int_v \rho\,dv$$

となる．この左辺は，ガウスの定理を用いて

$$\int_v \nabla\cdot\boldsymbol{J}\,dv = \oint_S \boldsymbol{J}\cdot\boldsymbol{i}_n\,dS$$

のように，領域 v を取り囲む表面 (閉曲面) S に関する面積分に変換できる．ここに i_n は閉曲面 S に関する外向き単位法線ベクトルである．一方，右辺は，領域 v 内の全電荷量 Q を用いて

$$-\frac{d}{dt}\int_v \rho\, dv = -\frac{dQ}{dt}$$

と書けるので，微分形式の電荷の保存則は

$$\oint_S \boldsymbol{J}\cdot\boldsymbol{i}_n\, dS = -\frac{dQ}{dt}$$

のような積分形式に変換できることになる．これは，領域 v の表面 S から流れ出る電流が領域 v 内の全電荷量 Q の単位時間当りの減少量に等しいことを意味している．すなわち，ある場所で電荷が時間的に減少したとしても，それは電荷の消滅を意味するのではなく，電流として別の場所に移動したにすぎず，全体として電荷は保存されることになる．

問 2.2 微分可能なスカラ関数 ψ を用いて，新しい電磁ポテンシャル $\boldsymbol{A}, \phi$ を

$$\boldsymbol{A} = \boldsymbol{A}_0 + \nabla\psi, \qquad \phi = \phi_0 - \frac{\partial\psi}{\partial t}$$

のように定義する．これらを式 (2.32), (2.35) に代入し，式 (2.34) のベクトル公式を用いると

$$\boldsymbol{B} = \nabla\times\boldsymbol{A} = \nabla\times(\boldsymbol{A}_0 + \nabla\psi) = \nabla\times\boldsymbol{A}_0 + \nabla\times(\nabla\psi) = \nabla\times\boldsymbol{A}_0$$

$$\boldsymbol{E} = -\frac{\partial\boldsymbol{A}}{\partial t} - \nabla\phi = -\frac{\partial\boldsymbol{A}_0}{\partial t} - \frac{\partial(\nabla\psi)}{\partial t} - \nabla\phi_0 + \nabla\left(\frac{\partial\psi}{\partial t}\right) = -\frac{\partial\boldsymbol{A}_0}{\partial t} - \nabla\phi_0$$

となり，$\boldsymbol{A}, \phi$ は $\boldsymbol{A}_0, \phi_0$ と同じ電磁界 $\boldsymbol{E}, \boldsymbol{H} = \boldsymbol{B}/\mu$ (式 (2.14) 参照) を与える．また，$\boldsymbol{A} = \boldsymbol{A}_0 + \nabla\psi,\ \phi = \phi_0 - \partial\psi/\partial t$ を式 (2.38) に代入すると

$$\nabla\cdot\boldsymbol{A} + \varepsilon\mu\frac{\partial\phi}{\partial t} + \mu\sigma\phi = \nabla\cdot\boldsymbol{A}_0 + \varepsilon\mu\frac{\partial\phi_0}{\partial t} + \mu\sigma\phi_0 + \nabla^2\psi - \varepsilon\mu\frac{\partial^2\psi}{\partial t^2} - \mu\sigma\frac{\partial\psi}{\partial t}$$

となる．ここで，ψ として

$$\nabla^2\psi - \varepsilon\mu\frac{\partial^2\psi}{\partial t^2} - \mu\sigma\frac{\partial\psi}{\partial t} = -\left(\nabla\cdot\boldsymbol{A}_0 + \varepsilon\mu\frac{\partial\phi_0}{\partial t} + \mu\sigma\phi_0\right)$$

のような非同次の微分方程式の解を用いると，新しい電磁ポテンシャル $\boldsymbol{A}, \phi$ は式 (2.38) のローレンツゲージを満たすことになる．

問 2.3 式 (2.66) の時間平均値を，フェーザ量 $\tilde{\boldsymbol{E}}, \tilde{\boldsymbol{H}}$ を用いて計算し，オイラーの恒等式を用いると

$$\frac{1}{T}\int_0^T \boldsymbol{E}\times\boldsymbol{H}\, dt$$

$$= \frac{1}{T}\int_0^T \mathrm{Re}[\tilde{\boldsymbol{E}}\exp(j\omega t)] \times \mathrm{Re}[\tilde{\boldsymbol{H}}\exp(j\omega t)]\, dt$$

$$= \frac{1}{T}\int_0^T \frac{\tilde{\boldsymbol{E}}\exp(j\omega t) + \tilde{\boldsymbol{E}}^*\exp(-j\omega t)}{2} \frac{\tilde{\boldsymbol{H}}\exp(j\omega t) + \tilde{\boldsymbol{H}}^*\exp(-j\omega t)}{2}\, dt$$

$$= \frac{1}{4T}\int_0^T [\tilde{\boldsymbol{E}}\times\tilde{\boldsymbol{H}}^* + \tilde{\boldsymbol{E}}^*\times\tilde{\boldsymbol{H}}$$

$$+\tilde{\boldsymbol{E}} \times \tilde{\boldsymbol{H}} \cos(2\omega t) + j\tilde{\boldsymbol{E}} \times \tilde{\boldsymbol{H}} \sin(2\omega t)$$

$$+\tilde{\boldsymbol{E}}^* \times \tilde{\boldsymbol{H}}^* \cos(2\omega t) - j\tilde{\boldsymbol{E}}^* \times \tilde{\boldsymbol{H}}^* \sin(2\omega t)]\, dt$$

$$= \mathrm{Re}\left[\frac{1}{2}\tilde{\boldsymbol{E}} \times \tilde{\boldsymbol{H}}^*\right]$$

となる.ここで,複素数 x の実部 $\mathrm{Re}[x]$ が

$$\mathrm{Re}[x] = \frac{x + x^*}{2}$$

で与えられること,更に $\cos(2\omega t)$, $\sin(2\omega t)$ の時間平均値が 0 になることに注意する.

問 2.4 式 (2.85) を式 (2.51) に代入すると

$$\nabla^2 \boldsymbol{E} = \left(\frac{\partial^2}{\partial x^2} + \frac{\partial^2}{\partial y^2} + \frac{\partial^2}{\partial z^2}\right) \boldsymbol{E}_0 \exp(-j\boldsymbol{k}\cdot\boldsymbol{r})$$

$$= \boldsymbol{E}_0 \left(\frac{\partial^2}{\partial x^2} + \frac{\partial^2}{\partial y^2} + \frac{\partial^2}{\partial z^2}\right) \exp(-j\boldsymbol{k}\cdot\boldsymbol{r})$$

$$= \boldsymbol{E}_0 \left(\frac{\partial^2}{\partial x^2} + \frac{\partial^2}{\partial y^2} + \frac{\partial^2}{\partial z^2}\right) \exp[-j(k_x x + k_y y + k_z z)]$$

$$= \boldsymbol{E}_0(-k_x^2 - k_y^2 - k_z^2)\exp(-j\boldsymbol{k}\cdot\boldsymbol{r}) = -k^2 \boldsymbol{E}$$

となるので,式 (2.85) は式 (2.51) の解である.

式 (2.85) を式 (2.44) に代入すると

$$\nabla \cdot \boldsymbol{E} = \nabla \cdot [\boldsymbol{E}_0 \exp(-j\boldsymbol{k}\cdot\boldsymbol{r})]$$

$$= \nabla \cdot [(E_{x0}\boldsymbol{i}_x + E_{y0}\boldsymbol{i}_y + E_{z0}\boldsymbol{i}_z)\exp(-j\boldsymbol{k}\cdot\boldsymbol{r})]$$

$$= \left(E_{x0}\frac{\partial}{\partial x} + E_{y0}\frac{\partial}{\partial y} + E_{z0}\frac{\partial}{\partial z}\right)\exp(-j\boldsymbol{k}\cdot\boldsymbol{r})$$

$$= -j(k_x E_{x0} + k_y E_{y0} + k_z E_{z0})\exp(-j\boldsymbol{k}\cdot\boldsymbol{r})$$

$$= -j(\boldsymbol{k}\cdot\boldsymbol{E}_0)\exp(-j\boldsymbol{k}\cdot\boldsymbol{r}) = -j\boldsymbol{k}\cdot\boldsymbol{E}$$

となるので,式 (2.86) が得られる.

式 (2.85) を式 (2.42) に代入すると

$$\nabla \times \boldsymbol{E} = \nabla \times [\boldsymbol{E}_0 \exp(-j\boldsymbol{k}\cdot\boldsymbol{r})]$$

$$= \nabla \times [(E_{x0}\boldsymbol{i}_x + E_{y0}\boldsymbol{i}_y + E_{z0}\boldsymbol{i}_z)\exp(-j\boldsymbol{k}\cdot\boldsymbol{r})]$$

$$= \left[\left(E_{z0}\frac{\partial}{\partial y} - E_{y0}\frac{\partial}{\partial z}\right)\exp(-j\boldsymbol{k}\cdot\boldsymbol{r})\right]\boldsymbol{i}_x$$

$$+ \left[\left(E_{x0}\frac{\partial}{\partial z} - E_{z0}\frac{\partial}{\partial x}\right)\exp(-j\boldsymbol{k}\cdot\boldsymbol{r})\right]\boldsymbol{i}_y$$

$$+ \left[\left(E_{y0}\frac{\partial}{\partial x} - E_{x0}\frac{\partial}{\partial y}\right)\exp(-j\boldsymbol{k}\cdot\boldsymbol{r})\right]\boldsymbol{i}_z$$

$$= -j[(k_y E_{z0} - k_z E_{y0})\boldsymbol{i}_x + (k_z E_{x0} - k_x E_{z0})\boldsymbol{i}_y$$

$$+ (k_x E_{y0} - k_y E_{x0})\boldsymbol{i}_z]\exp(-j\boldsymbol{k}\cdot\boldsymbol{r})$$

$$= -j(\boldsymbol{k} \times \boldsymbol{E}_0)\exp(-j\boldsymbol{k}\cdot\boldsymbol{r}) = -j\boldsymbol{k} \times \boldsymbol{E}$$

となるので，式 (2.87) が得られる．

問 2.5 まず，式 (2.95) が式 (2.94) の解になっていることを示しておく．

式 (2.94) の解 $\phi(x,y,z)$ が
$$\phi(x,y,z) = A\phi_x(x,z)\phi_y(y,z)$$
のように変数分離できると仮定する．ここに A は位置に無関係な定数である．この変数分離解を式 (2.94) に代入すると
$$-2jk\frac{\partial \phi_x}{\partial z} + \frac{\partial^2 \phi_x}{\partial x^2} = 0, \qquad -2jk\frac{\partial \phi_y}{\partial z} + \frac{\partial^2 \phi_y}{\partial y^2} = 0$$
のような ϕ_x，ϕ_y に関する微分方程式が得られる．ここで，ϕ_x を
$$\phi_x(x,z) = \exp\left[-j\frac{kx^2}{2f_x(z)} - jg_x(z)\right]$$
とおき，これを ϕ_x に関する微分方程式に代入すると
$$\frac{df_x}{dz} = 1, \qquad \frac{dg_x}{dz} = -j\frac{1}{2f_x}$$
が得られる．これらの微分方程式の解 $f_x(z)$，$g_x(z)$ は，a_x，b_x を積分定数として
$$f_x(z) = z + a_x, \qquad g_x(z) = -j\ln\sqrt{1 + \frac{z}{a_x}} + b_x$$
と書ける．

いま，$z=0$ の面上で $\phi_x(x,z=0)$ の位相が 0 となり，また原点 $x=0$，$z=0$ において，ϕ_x の大きさが $|\phi_x(x=0,z=0)|=1$ となるように，a_x を純虚数，すなわち $a_x = jc_x$ (c_x は実数) とおき，$b_x = 0$ とおくと，$\phi_x(x,z)$ は
$$\phi_x(x,z) = \frac{1}{\sqrt[4]{1+\left(\frac{z}{c_x}\right)^2}} \exp\left[-\frac{kc_x x^2}{2(z^2+c_x^2)} - j\frac{kzx^2}{2(z^2+c_x^2)}\right]$$
$$\times \exp\left(j\frac{1}{2}\tan^{-1}\frac{z}{c_x}\right)$$
となる．更に，$c_x = kW_{0x}^2/2$ とおいて
$$W_x(z) = \sqrt{\frac{2c_x}{k}\left[1+\left(\frac{z}{c_x}\right)^2\right]} = W_{0x}\sqrt{1+\left(\frac{2z}{kW_{0x}^2}\right)^2}$$
$$R_x(z) = z\left[1+\left(\frac{c_x}{z}\right)^2\right] = z\left[1+\left(\frac{kW_{0x}^2}{2z}\right)^2\right]$$
$$W_{0x} = W_x(z=0)$$
のように与えられる $W_x(z)$，$R_x(z)$，W_{0x} を用いると，ϕ_x は
$$\phi_x(x,z) = \sqrt{\frac{W_{0x}}{W_x(z)}} \exp\left\{-\left[\frac{1}{W_x^2(z)} + j\frac{k}{2R_x(z)}\right]x^2 + j\frac{1}{2}\tan^{-1}\left(\frac{2z}{kW_{0x}^2}\right)\right\}$$
と表される．

同様にして，$\phi_y(y,z)$ は

$$\phi_y(y,z) = \sqrt{\frac{W_{0y}}{W_y(z)}} \exp\left\{-\left[\frac{1}{W_y^2(z)} + j\frac{k}{2R_y(z)}\right]y^2 + j\frac{1}{2}\tan^{-1}\left(\frac{2z}{kW_{0y}^2}\right)\right\}$$

と表されるので，結局，式 (2.94) の解 ϕ は式 (2.95) のように書けることが分かる．ここに $W_y(z)$, $R_y(z)$, W_{0y} は，$c_y = kW_{0y}^2/2$ として次式で与えられる．

$$W_y(z) = \sqrt{\frac{2c_y}{k}\left[1+\left(\frac{z}{c_y}\right)^2\right]} = W_{0y}\sqrt{1+\left(\frac{2z}{kW_{0y}^2}\right)^2}$$

$$R_y(z) = z\left[1+\left(\frac{c_y}{z}\right)^2\right] = z\left[1+\left(\frac{kW_{0y}^2}{2z}\right)^2\right]$$

$$W_{0y} = W_y(z=0)$$

さて，問題で与えられたパラメータに対するスポットサイズ $W(z)$，波面の曲率半径 $R(z)$，ビーム広がり角 $2\Delta\theta$ を，それぞれ式 (2.96), (2.97), (2.98) を用いて，具体的に求めてみる．このとき，式中の k を自由空間波数 $k_0 = 2\pi/\lambda$ (λ は自由空間波長) に置き換える．1 m 伝搬後のスポットサイズ W ($z=1$ m)，波面の曲率半径 R ($z=1$ m)，ビームの広がり角 $2\Delta\theta \simeq 4/(k_0 W_0) = 2\lambda/(\pi W_0)$ は，最小スポットサイズが $W_0 = 0.5$ mm のとき

$$W = 0.642 \text{ mm}, \quad R = 2.54 \text{ m}, \quad 2\Delta\theta = 0.046°$$

となり，最小スポットサイズが $W_0 = 1$ mm のとき

$$W = 1.020 \text{ mm}, \quad R = 25.63 \text{ m}, \quad 2\Delta\theta = 0.023°$$

となる．

(3 章)

問 3.1 式 (3.33) は，三角関数の公式を用いると次のようになる．

$$E_x = |A_x|\cos(\omega t - \beta z)\cos\phi_x - |A_x|\sin(\omega t - \beta z)\sin\phi_x$$

$$E_y = |A_y|\cos(\omega t - \beta z)\cos\phi_y - |A_y|\sin(\omega t - \beta z)\sin\phi_y$$

これらの関係式から $\sin(\omega t - \beta z)$, $\cos(\omega t - \beta z)$ を求め，$\phi = \phi_y - \phi_x$ とおくと

$$\sin(\omega t - \beta z) = \frac{1}{\sin\phi}\left(\frac{E_x}{|A_x|}\cos\phi_y - \frac{E_y}{|A_y|}\cos\phi_x\right)$$

$$\cos(\omega t - \beta z) = \frac{1}{\sin\phi}\left(\frac{E_x}{|A_x|}\sin\phi_y - \frac{E_y}{|A_y|}\sin\phi_x\right)$$

となる．これらを三角関数の公式

$$\sin^2(\omega t - \beta z) + \cos^2(\omega t - \beta z) = 1$$

に代入すると，式 (3.34) が導かれる．

ここで，電界振幅の大きさ $|A_x|$, $|A_y|$ と位相差 ϕ を用いて

$$S_0 = |A_x|^2 + |A_y|^2, \qquad S_1 = |A_x|^2 - |A_y|^2$$

$$S_2 = 2|A_x||A_y|\cos\phi, \qquad S_3 = 2|A_x||A_y|\sin\phi$$

のようなパラメータ S_0, S_1, S_2, S_3 を定義し，電界 E_x, E_y をそれぞれ水平偏波成分，垂直偏波成分とみなすと，$S_0 = |A_x|^2 + |A_y|^2$ は電力密度に比例する量，$S_1/S_0 = 1$ ($|A_y| = 0$), -1 ($|A_x| = 0$) はそれぞれ水平偏波成分，垂直偏波成分，$S_2/S_0 = 1$ ($|A_x| = |A_y|$, $\phi = 0$), -1 ($|A_x| = |A_y|$, $\phi = \pm\pi$) はそれぞれ $+45°$ 直線偏波成分，$-45°$ 直線偏波成分，$S_3/S_0 = 1$ ($|A_x| = |A_y|$, $\phi = \pi/2$), -1 ($|A_x| = |A_y|$, $\phi = -\pi/2$) はそれぞれ右旋円偏波成分，左旋円偏波成分を表していることが分かる．このため，S_0, S_1, S_2, S_3 を用いて偏波状態を表すことがあり，これらの諸量はストークスパラメータと呼ばれる．

ところで，楕円の傾きを表す角度 θ (式 (3.35) 参照) と楕円率 (軸比) を表す角度 δ (式 (3.36) 参照) は，ストークスパラメータを用いて

$$\tan 2\theta = \frac{S_2}{S_1} \qquad (-\pi \leqq 2\theta \leqq \pi)$$

$$\sin 2\delta = \frac{S_3}{S_0} \qquad (-\pi \leqq 2\delta \leqq \pi)$$

と書ける．ここで，ストークスパラメータの間に
$$S_0^2 = S_1^2 + S_2^2 + S_3^2$$
の関係式が成り立つことに注意すると，S_1, S_2, S_3 は

$$S_1 = S_0 \cos 2\theta \cos 2\delta, \qquad S_2 = S_0 \sin 2\theta \cos 2\delta, \qquad S_3 = S_0 \sin 2\delta$$

と書き直すことができる．このように書き直されたストークスパラメータは，**解図 3** に示すような球の半径 S_0 と，球面上の点の直角座標 (S_1, S_2, S_3) に等しくなっており，このような球を**ポアンカレ球** (Poincaré sphere) という．これを用いると，種々の偏波状態の変化を球面上の点の移動として表示することができる．例えば，ポアンカレ球を地球にみたてると，北極，南極はそれぞれ右旋円偏波，左旋円偏波に対応し，北半球，南半球はそれぞれ右旋楕円偏波，左旋楕円偏波に対応する．また，すべての直線偏波は赤道上に位置することになる．

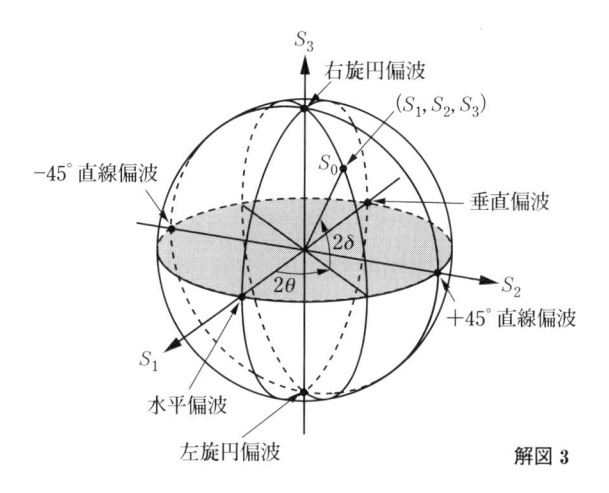

解図 3

さて，(x, y) 座標を角度 θ だけ回転した (ξ, η) 座標を導入し (図 3.2 参照)，電界 E_x, E_y を，座標変換の公式

$$E_x = E_\xi \cos\theta - E_\eta \sin\theta, \qquad E_y = E_\xi \sin\theta + E_\eta \cos\theta$$

を用いて，ξ, η 成分 E_ξ, E_η に変換すると，式 (3.34) は

$$|A_y|^2(E_\xi^2 \cos^2\theta + E_\eta^2 \sin^2\theta - E_\xi E_\eta \sin 2\theta)$$

$$+|A_x|^2(E_\xi^2 \sin^2\theta + E_\eta^2 \cos^2\theta + E_\xi E_\eta \sin 2\theta)$$

$$-|A_x||A_y|\cos\phi(E_\xi^2 \sin 2\theta - E_\eta^2 \sin 2\theta + 2E_\xi E_\eta \cos 2\theta)$$

$$= |A_x|^2|A_y|^2 \sin^2\phi$$

となる．電界振幅 $|A_x|$, $|A_y|$ と位相差 ϕ によって定義されたストークスパラメータ，すなわち，$S_0 = |A_x|^2 + |A_y|^2$, $S_1 = |A_x|^2 - |A_y|^2$, $S_2 = 2|A_x||A_y|\cos\phi$, $S_3 = 2|A_x||A_y|\sin\phi$ を用いると，上式は

$$E_\xi^2(S_0 - S_1 \cos 2\theta - S_2 \sin 2\theta) + E_\eta^2(S_0 + S_1 \cos 2\theta + S_2 \sin 2\theta)$$

$$+2E_\xi E_\eta(S_1 \sin 2\theta - S_2 \cos 2\theta) = \frac{S_3^2}{2}$$

となる．これは，ストークスパラメータが，電力密度に比例する量 S_0，楕円の傾き角 θ，楕円率 (軸比) を表す角度 δ を用いて，$S_1 = S_0 \cos 2\theta \cos 2\delta$, $S_2 = S_0 \sin 2\theta \cos 2\delta$, $S_3 = S_0 \sin 2\delta$ と表すこともできることに注意すると，更に

$$E_\xi^2 \sin^2\delta + E_\eta^2 \cos^2\delta = S_0 \sin^2\delta \cos^2\delta$$

と変形できる．したがって

$$A_\xi = \sqrt{S_0}\cos\delta, \qquad A_\eta = \sqrt{S_0}\sin\delta$$

のように与えられる楕円の長軸，短軸の半分の長さ A_ξ, A_η を用いると

$$\frac{E_\xi^2}{A_\xi^2} + \frac{E_\eta^2}{A_\eta^2} = 1$$

となり，式 (3.37) が導かれる．

最後に，偏波方向が x 方向から y 方向に角度 θ だけ傾いた直線偏波を考える．この直線偏波が位相定数 β で z 方向に伝搬しているものとし，その電界 $\boldsymbol{E}$ をフェーザ表示すると

$$\boldsymbol{E} = |\boldsymbol{E}|(\boldsymbol{i}_x \cos\theta + \boldsymbol{i}_y \sin\theta)\exp(-j\beta z + j\psi)$$

と書ける．ここに $|\boldsymbol{E}|$, ψ はそれぞれ電界の大きさ，$z=0$ における位相である．この電界 $\boldsymbol{E}$ は，$\psi = (\phi_L + \phi_R)/2$, $\theta = (\phi_L - \phi_R)/2$ とおき，オイラーの恒等式を用いると

$$\boldsymbol{E} = \frac{|\boldsymbol{E}|}{2}\left[\boldsymbol{i}_x + \boldsymbol{i}_y \exp\left(j\frac{\pi}{2}\right)\right]\exp(-j\beta z + j\phi_R)$$

$$+ \frac{|\boldsymbol{E}|}{2}\left[\boldsymbol{i}_x + \boldsymbol{i}_y \exp\left(-j\frac{\pi}{2}\right)\right]\exp(-j\beta z + j\phi_L)$$

と書き直すことができる．この式の右辺の第 1 項の電界の x, y 成分 E_x, E_y は，時間領域において

$$E_x = \mathrm{Re}\left[\frac{|\boldsymbol{E}|}{2}\exp(-j\beta z + j\phi_R)\exp(j\omega t)\right]$$

$$= \frac{|\boldsymbol{E}|}{2}\cos(\omega t - \beta z + \phi_R)$$

$$E_y = \mathrm{Re}\left[\frac{|\boldsymbol{E}|}{2}\exp\left(-j\beta z + j\phi_R + j\frac{\pi}{2}\right)\exp(j\omega t)\right]$$

$$= \frac{|\boldsymbol{E}|}{2}\cos\left(\omega t - \beta z + \phi_R + \frac{\pi}{2}\right) = -\frac{|\boldsymbol{E}|}{2}\sin(\omega t - \beta z + \phi_R)$$

となるので，一定距離 z の面で観測すると，時間の経過とともに，電界ベクトル $\boldsymbol{E}$ の先端は半径 $|\boldsymbol{E}|/2$ の円周上を角周波数 ω で回転することになる．また，その回転方向は，波源に向かって (この場合は $-z$ 方向に向かって) 観測したとき，右旋 (位相差 $\phi = \phi_y - \phi_x = \pi/2 > 0$) になる．一方，第 2 項の電界の x，y 成分 E_x，E_y は，時間領域において

$$E_x = \operatorname{Re}\left[\frac{|\boldsymbol{E}|}{2}\exp(-j\beta z + j\phi_L)\exp(j\omega t)\right]$$

$$= \frac{|\boldsymbol{E}|}{2}\cos(\omega t - \beta z + \phi_L)$$

$$E_y = \operatorname{Re}\left[\frac{|\boldsymbol{E}|}{2}\exp\left(-j\beta z + j\phi_L - j\frac{\pi}{2}\right)\exp(j\omega t)\right]$$

$$= \frac{|\boldsymbol{E}|}{2}\cos\left(\omega t - \beta z + \phi_L - \frac{\pi}{2}\right) = \frac{|\boldsymbol{E}|}{2}\sin(\omega t - \beta z + \phi_L)$$

となるので，左旋 (位相差 $\phi = \phi_y - \phi_x = -\pi/2 < 0$) の円偏波になる．

このように，任意の直線偏波は，振幅の等しい右旋，左旋の二つの円偏波に分解できることが分かる．これは逆に，振幅の等しい右旋，左旋の二つの円偏波を合成すると，直線偏波が得られることを意味している．なお，偏波の回転方向は，波源を背後にして (この場合は $+z$ 方向に向かって) 定義することもあり，このとき，前述した右旋，左旋偏波は，逆に，それぞれ左旋，右旋偏波ということになる．

問 3.2 図 3.9(b) に示した伝送線路の $z = 0$ から右側を見たインピーダンス $Z_{in}(0)$ は，$z = d$ から右側を見たインピーダンスが Z_{c2} で与えられることに注意すると，式 (1.87) から

$$Z_{in}(0) = Z_{c3}\frac{Z_{c2} + jZ_{c3}\tan\beta_3 d}{Z_{c3} + jZ_{c2}\tan\beta_3 d}$$

となる．これを式 (1.79) に代入すると，$z = 0$ における反射係数 $R(0)$ は

$$R(0) = \frac{Z_{c3}(Z_{c2} - Z_{c1}) + j(Z_{c3}^2 - Z_{c1}Z_{c2})\tan\beta_3 d}{Z_{c3}(Z_{c2} + Z_{c1}) + j(Z_{c3}^2 + Z_{c1}Z_{c2})\tan\beta_3 d}$$

となる．これに式 (3.54) を代入し，$\beta_3 = 2\pi/\lambda_3$ であることに注意すると，反射係数 $R(0)$ は

$$R(0) = \frac{n_3(n_1 - n_2)\cot\left(\dfrac{2\pi d}{\lambda_3}\right) + j(n_1 n_2 - n_3^2)}{n_3(n_1 + n_2)\cot\left(\dfrac{2\pi d}{\lambda_3}\right) + j(n_1 n_2 + n_3^2)}$$

と書ける．この反射係数が $R(0) = 0$ となる条件から式 (3.56), (3.57) が導かれる．

問 3.3 図 3.10 に示した入射平面波の波数 $\boldsymbol{k}_i$，反射平面波の波数 $\boldsymbol{k}_r$，屈折平面波の波数 $\boldsymbol{k}_t$ は

$$\boldsymbol{k}_i = (k_0 n_1 \sin\theta_i)\boldsymbol{i}_y + (k_0 n_1 \cos\theta_i)\boldsymbol{i}_z$$

$$\boldsymbol{k}_r = (k_0 n_1 \sin\theta_r)\boldsymbol{i}_y - (k_0 n_1 \cos\theta_r)\boldsymbol{i}_z$$

$$\boldsymbol{k}_t = (k_0 n_2 \sin\theta_t)\boldsymbol{i}_y + (k_0 n_2 \cos\theta_t)\boldsymbol{i}_z$$

と書ける．境界面に垂直で入射波の波数ベクトルを含む面を入射面と呼んでいるが，この場合，入射面は yz 面になる．2.8 節で述べたように，平面波の電界，磁界は，入射波，反射波，透過波のそれぞれについて

$$\exp(-j\boldsymbol{k}_i\cdot\boldsymbol{r}) = \exp[-j(k_0 n_1 \sin\theta_i)y]\exp[-j(k_0 n_1 \cos\theta_i)z]$$

の因子をもつことになる．境界面 $z = 0$ の任意の位置 y で電磁界の境界条件を満たすためには，y に関係する位相項がすべて等しくなる必要があるので，式 (3.58) が導かれる．

問 3.4 式 (3.81)，(3.82) を用いて計算すると，電力反射・透過係数は，$n_1 = 1.0$，$n_2 = 1.5$ のとき，**解図 4**(a) のようになり，$n_1 = 1.5$，$n_2 = 1.0$ のとき，図 (b) のようになる．ただし，電力反射・透過係数の計算に必要な電界反射係数 R_e，電界透過係数 T_e はそれぞれ式 (3.73)，(3.74) で与えられることに注意する．

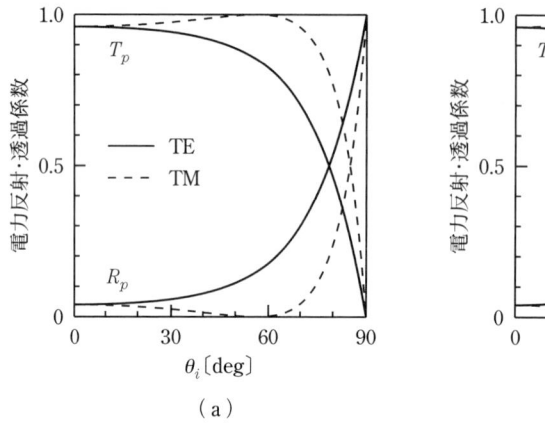

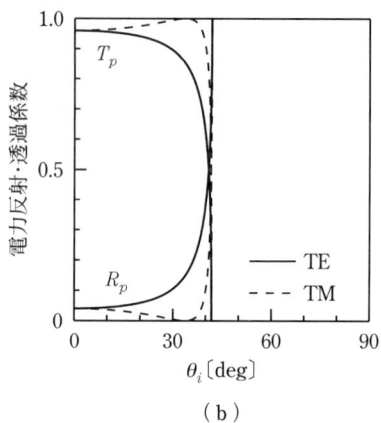

$$\exp(-j\boldsymbol{k}_r \cdot \boldsymbol{r}) = \exp[-j(k_0 n_1 \sin\theta_r)y]\exp[j(k_0 n_1 \cos\theta_r)z]$$

$$\exp(-j\boldsymbol{k}_t \cdot \boldsymbol{r}) = \exp[-j(k_0 n_2 \sin\theta_t)y]\exp[-j(k_0 n_2 \cos\theta_t)z]$$

解図 4

問 3.5 電界反射係数の位相量 ϕ を，式 (3.85) を用いて計算すると，**解図 5**(a) のようになる．グース–ヘンシェンシフト量 Δy は，式 (3.85) を式 (3.89) に代入し，自由空間波長を λ とすると

$$\frac{\Delta y}{\lambda} = \begin{cases} \dfrac{\tan\theta_i}{\pi n_1 \sqrt{\sin^2\theta_i - \left(\dfrac{n_2}{n_1}\right)^2}} & \text{(TE 波)} \\[2ex] \dfrac{\left(\dfrac{n_2}{n_1}\right)^2 \tan\theta_i}{\pi n_1 \sqrt{\sin^2\theta_i - \left(\dfrac{n_2}{n_1}\right)^2}\left[\sin^2\theta_i - \left(\dfrac{n_2}{n_1}\right)^2 \cos^2\theta_i\right]} & \text{(TM 波)} \end{cases}$$

と書けるので，これを用いて計算すると，図 (b) のようになる．グース–ヘンシェンシフト量 Δy は，自由空間波長 λ で規格化した値を示してある．このように，1 回の反射で数波長程度のシフトがあり，導波路による伝送の場合 (5.1 節参照) のように，多重反射が繰り返されると，これが累積されていくので注意を要する．

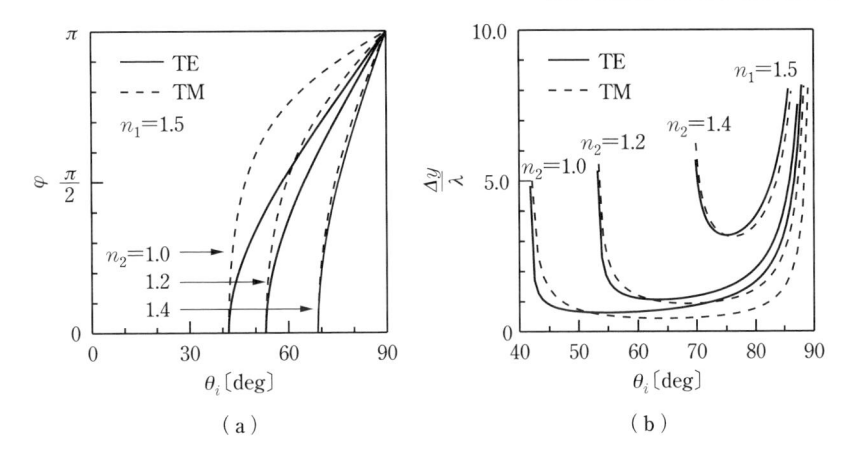

解図 5

(a)

(b)

(4 章)

問 4.1 角度 1 度は 60 分であるので，角度 1 分は，単位にラジアンを用いると，$\pi/(180 \times 60) = 2.9 \times 10^{-4}$ rad となる．これを式 (4.8) に代入し，$\lambda = 0.633$ μm，$n = 1$（空気），$2\theta = 2.9 \times 10^{-4}$ rad，すなわち $\theta = 1.45 \times 10^{-4}$ rad とおくと，干渉縞の周期は $\Lambda = 2.18$ mm と求められる．

問 4.2 等比級数の公式

$$\sum_{i=0}^{N} x^i = 1 + x + x^2 + \cdots + x^N = \frac{1 - x^{N+1}}{1 - x} = \frac{x^{N+1} - 1}{x - 1}$$

を用いると

$$I = I_0 \left| \sum_{i=1}^{N} \exp[j(i-1)\phi] \right|^2$$

$$= I_0 \left| 1 + \exp(j\phi) + \exp(j2\phi) + \cdots + \exp[j(N-1)] \right|^2$$

$$= I_0 \left| \frac{\exp(jN\phi) - 1}{\exp(j\phi) - 1} \right|^2 = I_0 \left| \frac{\exp(jN\phi/2) - \exp(-jN\phi/2)}{\exp(j\phi/2) - \exp(-j\phi/2)} \right|^2$$

となる．ここで，オイラーの恒等式を用いると

$$I = I_0 \frac{\sin^2\left(\dfrac{N\phi}{2}\right)}{\sin^2\left(\dfrac{\phi}{2}\right)}$$

となり，式 (4.13) が導かれる．

同様にして，等比級数の公式を用いると

$$\sum_{l=0}^{N-1} \exp(jk_x lp) = \frac{\exp(jk_x Np) - 1}{\exp(jk_x p) - 1}$$

となるので，式 (4.56) が導かれる．これは

$$\frac{\exp(jk_x Np)-1}{\exp(jk_x p)-1} = \frac{\sin\left(\frac{k_x Np}{2}\right)}{\sin\left(\frac{k_x p}{2}\right)}$$

と書けるので，式 (4.57) が導かれる．回折波のピーク位置 $x_2 = x_{2m}$ は，$k_x = k_0 x_2/z$ であることに注意すると，$\sin(k_x p/2) = 0$ の条件から

$$\frac{k_x p}{2} = \frac{k_0 p x_2}{2z} = \frac{\pi p x_2}{\lambda z} = m\pi \quad (m = 0, \pm 1, \pm 2, \cdots)$$

を満たす x_2 の値として求められるので，式 (4.58) が導かれる．

式 (4.13) と式 (4.57) が異なるのは，式 (4.13) で与えられる干渉像が線波源によるものであるのに対して，式 (4.57) で与えられる干渉像は有限幅をもつスリットによるものであることによる．式 (4.57) は，スリット幅が $d \to 0$ とした極限では，$\mathrm{sinc}(k_x d/2) = 1$ となるので，式 (4.13) と一致する．

問 4.3 図 4.6 に示した伝送線路の $z=0$ から右側を見たインピーダンス $Z_{in}(0)$ は，$z = d$ から右側を見たインピーダンスが Z_{c1} で与えられることに注意すると，式 (1.87) から

$$Z_{in}(0) = Z_{c2} \frac{Z_{c1} + j Z_{c2} \tan \beta_2 d}{Z_{c2} + j Z_{c1} \tan \beta_2 d}$$

となる．これを式 (1.79) に代入すると，$z = 0$ における反射係数 $R(0)$ は

$$R(0) = \frac{j(Z_{c2}^2 - Z_{c1}^2)\tan\beta_2 d}{2Z_{c1}Z_{c2} + j(Z_{c2}^2 + Z_{c1}^2)\tan\beta_2 d}$$

と求められる．反射率 I_r/I_i は電力反射係数 $|R(0)|^2$ に対応するので

$$\begin{aligned}\frac{I_r}{I_i} &= \frac{(Z_{c2}^2 - Z_{c1}^2)^2 \sin^2 \beta_2 d}{4 Z_{c1}^2 Z_{c2}^2 \cos^2 \beta_2 d + (Z_{c2}^2 + Z_{c1}^2)^2 \sin^2 \beta_2 d} \\ &= \frac{(Z_{c2}^2 - Z_{c1}^2)^2 \sin^2 \beta_2 d}{4 Z_{c1}^2 Z_{c2}^2 + (Z_{c2}^2 - Z_{c1}^2)^2 \sin^2 \beta_2 d} \\ &= \frac{(Z_{c2} + Z_{c1})^2 (Z_{c2} - Z_{c1})^2 \sin^2 \beta_2 d}{4 Z_{c1}^2 Z_{c2}^2 + (Z_{c2} + Z_{c1})^2 (Z_{c2} - Z_{c1})^2 \sin^2 \beta_2 d}\end{aligned}$$

と計算される．ここで，式 (4.17)，(4.18) で与えられる R，ϕ を用いて，更に

$$1 - R = \frac{4 Z_{c1} Z_{c2}}{(Z_{c2} + Z_{c1})^2}$$

であることに注意すると，式 (4.15) が導かれる．

透過率 I_t/I_r が最大になるのは $\sin(\phi/2) = 0$，すなわち $\phi/2 = m\pi$ ($m = 0, \pm 1, \pm 2, \cdots$) のときであるので，このときの位相を ϕ_m，周波数を f_m とし，$k_0 = 2\pi f/c$ (f は周波数，c は光速) であることに注意すると，自由スペクトルレンジ Δf_{FSR} は，式 (4.18) から

$$\phi_{m+1} - \phi_m = \frac{4\pi n_2 d \cos\theta_t}{c}(f_{m+1} - f_m) = \frac{4\pi n_2 d \cos\theta_t}{c}\Delta f_{FSR} = 2\pi$$

を満たす周波数間隔 $\Delta f = f_{m+1} - f_m$ として与えられ，式 (4.19) が導かれる．

理解度の確認；解説　**145**

透過率が 0.5 (半値) になる $\phi/2$ の値は，式 (4.16) から

$$\frac{\phi}{2} = \sin^{-1}\frac{1-R}{2\sqrt{R}}$$

と求められる．これに式 (4.18) を代入すると，透過率が 0.5 となる周波数 $f_{0.5}$ は

$$f_{0.5} = \frac{c}{2\pi n_2 d \cos\theta_t} \sin^{-1}\frac{1-R}{2\sqrt{R}}$$

となるので，半値全幅 $\Delta f_{FWHM} = 2f_{0.5}$ は式 (4.20) で与えられることになる．

問 4.4 球面波 $[\exp(-jk_0 r)]/r$ の外向き法線微分は

$$\frac{\partial}{\partial n}\left[\frac{\exp(-jk_0 r)}{r}\right] = -jk_0\left(1 - j\frac{1}{k_0 r}\right)\frac{\exp(-jk_0 r)}{r}\frac{\partial r}{\partial n}$$

と計算される．開口 S_1 から観測点 Q までの距離 r が波長 $\lambda = 2\pi/k_0$ に比べて十分大きいものとすると，$k_0 r \gg 1$ であるので，上式は

$$\frac{\partial}{\partial n}\left[\frac{\exp(-jk_0 r)}{r}\right] \fallingdotseq -jk_0 \frac{\exp(-jk_0 r)}{r}\frac{\partial r}{\partial n}$$

となり，これを式 (4.29) に代入すると，式 (4.31) が導かれる．

さて，z 軸に垂直な開口 S_1 の左側から，図 4.11 に示したように，平面波が，z 軸に対して θ_1 の角度で入射するものとすると，この平面波は，その複素振幅を A として

$$\Phi_1 = A\exp[-j(k_0\sin\theta_1)y]\exp[-j(k_0\cos\theta_1)z]$$

と書ける (問 3.3 の解答参照) ので

$$\frac{\partial \Phi_1}{\partial n} = -\frac{\partial \Phi_1}{\partial z} = jk_0\Phi_1\cos\theta_1$$

となる．また，開口 S_1 上の点 P(x, y, z) から観測点 Q(x', y', z') までの距離 r が式 (2.108) で与えられることに注意すると，$\partial r/\partial n$ は

$$\frac{\partial r}{\partial n} = -\frac{\partial r}{\partial z} = -\frac{z-z'}{r} = \frac{z'-z}{r} = \cos\theta_2$$

と計算される．これらの $\partial \Phi_1/\partial n$，$\partial r/\partial n$ を式 (4.31) に代入すると，フレネル–キルヒホッフの回折公式は

$$\Phi(x', y', z') = j\frac{k_0}{4\pi}\int_{S_1}(\cos\theta_1 + \cos\theta_2)\Phi_1(x, y, z)\frac{\exp(-jkr)}{r}dS$$

と書ける．更に，平面波が，z 軸にほぼ平行に入射するものとして，$\theta_1 \fallingdotseq 0$ とすると，$\theta_2 \fallingdotseq 0$ の近軸領域において，式 (4.32) が導かれる．

問 4.5 観測点が z 軸上 ($x_2 = 0$，$y_2 = 0$) にある場合には，式 (4.65) を式 (4.36) のフレネル回折公式に代入し，$x_1^2 + y_1^2 = r_1^2$ (式 (4.64) 参照) とおくと，円形開口の回折波は

$$\Phi_2(r_2 = 0, z) = jA\frac{\exp(-jk_0 z)}{\lambda z}\int_0^{2\pi}\int_0^{d/2}\exp\left(-jk_0\frac{r_1^2}{2z}\right)r_1\,d\phi_1 dr_1$$

$$= A\exp(-jk_0 z)\left[1 - \exp\left(-jk_0\frac{d^2}{8z}\right)\right]$$

$$= A\exp(-jk_0 z)\exp\left(-jk_0\frac{d^2}{16z}\right)$$

$$\times\left[\exp\left(jk_0\frac{d^2}{16z}\right) - \exp\left(-jk_0\frac{d^2}{16z}\right)\right]$$

$$= j2A\exp(-jk_0 z)\exp\left(-jk_0\frac{d^2}{16z}\right)\sin\left(k_0\frac{d^2}{16z}\right)$$

と求められる．このとき，オイラーの恒等式を用いている．回折波の強度 $I \propto |\phi_2|^2$ を，入射平面波の強度 $|A|^2$ で規格化した相対強度分布で表すと

$$\frac{I}{|A|^2} = 4\sin^2\left(\frac{k_0 d^2}{16z}\right) = 4\sin^2\left(\frac{\pi d^2}{8\lambda z}\right)$$

となる．また，フラウンホーファー回折の相対強度分布は，$z \gg d^2/\lambda$ として

$$\frac{I}{|A|^2} = 4\left(\frac{k_0 d^2}{16z}\right) = 4\left(\frac{\pi d^2}{8\lambda z}\right)^2$$

となる．

　図 4.13 は，円形開口の軸上における回折波の相対強度分布を示したものである．開口面から十分遠方では，フラウンホーファー近似が成り立つが，開口面に近づくにつれてフレネル近似との差が大きくなり，フラウンホーファー領域とフレネル領域との境界が，ほぼ $z \fallingdotseq d^2/\lambda$ で与えられることが分かる．

(5 章)

問 5.1 ここでは，yz 面内を伝搬する平面波を考えているので，$\partial/\partial x = 0$ とおき，また媒質の境界面に沿う z 方向の波数 (伝搬定数) β はすべての領域で等しく (問 3.3 参照，座標軸 y, z が入れ換わっていることに注意)，$\partial[\exp(-j\beta z)]/\partial z = j\beta\exp(-j\beta z)$ であるので，$\partial/\partial z = -j\beta$ とおくと，TE モードに対して，マクスウェルの方程式は

$$-j\beta E_x = -j\omega\mu_0 H_y, \quad -\frac{dE_x}{dy} = -j\omega\mu_0 H_z, \quad \frac{dH_z}{dy} + j\beta H_y = j\omega\varepsilon_0 n^2 E_x$$

となり，これから磁界 H_y, H_z を消去すると

$$\frac{d^2 E_x}{dy^2} + (k_0^2 n^2 - \beta^2)E_x = 0$$

のような電界 E_x に関するヘルムホルツ方程式が得られる．ここに k_0 は自由空間波数 (式 (2.54) 参照) である．電界 E_x, E_y が分かると，磁界は

$$H_y = \frac{\beta}{\omega\mu_0}E_x, \quad H_z = -j\frac{1}{\omega\mu_0}\frac{dE_x}{dy}$$

から求められる．一方，TM モードに対して，マクスウェルの方程式は

$$\frac{dE_z}{dy} + j\beta E_y = -j\omega\mu_0 H_x, \quad -j\beta H_x = j\omega\varepsilon_0 n^2 E_y, \quad -\frac{dH_x}{dy} = j\omega\varepsilon_0 n^2 E_z$$

となり，これから電界 E_y, E_z を消去すると

$$\frac{d^2 H_x}{dy^2} + (k_0^2 n^2 - \beta^2)H_x = 0$$

のような磁界 H_x に関するヘルムホルツ方程式が得られる．磁界 H_x が分かると，電界は

$$E_y = -\frac{\beta}{\omega\varepsilon_0 n^2} H_x, \qquad E_z = j\frac{1}{\omega\varepsilon_0 n^2}\frac{dH_x}{dy}$$

から求められる．

問 5.2 式 (5.16), (5.22) から，カットオフ波長 λ_{cm} は

$$v_{cm} = 2\pi a\sqrt{n_1^2 - n_2^2}\,\frac{1}{\lambda_{cm}}$$

であることに注意すると，TE モードに対して

$$\lambda_{cm} = \frac{4\pi a\sqrt{n_1^2 - n_2^2}}{\tan^{-1}\sqrt{\delta} + m\pi}$$

で与えられ，TM モードに対して

$$\lambda_{cm} = \frac{4\pi a\sqrt{n_1^2 - n_2^2}}{\tan^{-1}(n_1^2\sqrt{\delta}/n_3^2) + m\pi}$$

で与えられる．コア厚が $2a = 1.0$ μm であり，屈折率分布の非対称性を表すパラメータが $\delta = 4.177$ となるので，基本モード ($m=0$) のカットオフ波長 λ_{c0}，第一高次モード ($m=1$) のカットオフ波長 λ_{c1} は，TE モードに対して

$$\lambda_{c0} = 2.931\ \mu\text{m}, \qquad \lambda_{c1} = 0.768\ \mu\text{m}$$

となり，TM モードに対して

$$\lambda_{c0} = 2.387\ \mu\text{m}, \qquad \lambda_{c1} = 0.725\ \mu\text{m}$$

となる．

問 5.3 式 (5.25) から，単一モード動作するためのコア厚 $2a$ は

$$2a \leq \frac{\lambda}{2\sqrt{n_1^2 - n_2^2}}$$

で与えられるので，波長 0.85 μm, 1.31 μm, 1.55 μm に対して，コア厚 $2a$ はそれぞれ 0.737 μm, 1.136 μm, 1.344 μm 以下となる．

問 5.4 結合効率は，式 (5.57b) に式 (5.53)，(5.58) を代入すると

$$P_2(z) = \frac{1}{1+(\delta/\kappa)^2}\sin^2\sqrt{1+(\delta/\kappa)^2}\,|\kappa|z$$

と書ける．長さ $L_c = 5$ mm (完全結合長) で 0 dB 結合器，すなわち $P_2(L_c) = 1$ になっているので，このとき $\delta = 0$, $|\kappa|L_c = \pi/2$ となり，結合係数の大きさは $|\kappa| = 0.314$ mm^{-1} となる．導波路間に 0.01 ％ の伝搬定数差を与えると，位相不整合量 δ は，波長 $\lambda = 1.55$ μm, 実効屈折率 $n_{eff} = 2.0$ のとき

$$\delta = \frac{\beta_1 - \beta_2}{2} = \frac{10^{-4}}{2}\beta_1 = \frac{10^{-4}}{2}k_0 n_{eff} = \frac{10^{-4}}{2}\frac{2\pi}{\lambda}n_{eff} = 0.405\ \text{mm}^{-1}$$

となるので，結合効率は $P_2(L_c) = 0.112$，すなわち 11.2％ に低減する．

148　理解度の確認；解説

問 5.5　グレーティング周期 Λ は，式 (5.85) から

$$\Lambda = \frac{\lambda_B}{2n_{eff}} = 0.119 \text{ μm}$$

となる．また，最大反射率を R_0 とすると，結合効率の大きさ $|\kappa|$ は，式 (5.80) から次のようになる．

$$|\kappa| = \frac{1}{l} \tanh^{-1} \sqrt{R_0} = 7.853 \text{ mm}^{-1}$$

索　引

【あ】

アハラノフ-ボーム効果 ……35
アレー状スリット …………98
アンペアの法則 ……………30

【い】

位　相 …………………………9
位相整合条件 ……………122
位相速度 ……………………12
位相定数 …………………10,13
一次定数 ……………………2
異方性媒質 …………………30
インコヒーレント波 ………88
インピーダンス整合条件 …20
インピーダンスの測定 ……21

【う】

右旋楕円偏波 ………………61
うなり ………………………87
うなり周波数 ………………87

【え】

エアリーディスク ………103
エアリーパターン ………103
エバネッセント波 …………71
円形開口 …………………102
円筒波 ………………………47
円偏波 ………………………61

【お】

オイラーの恒等式 ……………8

【か】

開　口 ………………………90
開口関数 ……………………90
開口数 ………………………45
外　積 ………………………29
回　折 ………………………90
回折限界 ……………………89
回折次数 ……………………99
回　転 ………………………29
開放終端線路 ………………23
ガウスの法則 ………………31
ガウスビーム ………………44
可干渉性 ……………………88
可逆性 ………………………47

角周波数 ……………………8
重ね合わせの理 ……………47
可視度 ………………………82
カットオフ条件 …………112
干　渉 ………………………80
干渉縞 ………………………80
完全結合長 ………………123
緩慢変化包絡線近似 ………44

【き】

基　板 ……………………106
基本モード ………………112
球面波 ………………………45
境界条件 …………………10,40
キルヒホッフの回折理論 …90
キルヒホッフの法則 ………2
均一伝送線路 ………………2
禁止帯 ………………………51
均質媒質 ……………………30

【く】

空間高調波 …………………49
空間コヒーレンス …………88
グース-ヘンシェンシフト …77
屈折角 ………………………68
屈折率 ………………………37
クラッド …………………106
グリーン関数 ………………46
　──の可逆性 ……………47
グリーンの定理 ……………46
クーロンゲージ ……………35
クーロンの法則 ……………30
群速度 ………………………24

【け】

ゲージ ………………………35
結合係数 …………………118
結合効率 …………………122
減衰定数 …………………10,13

【こ】

高次モード ………………112
後進波 ………………………5
構成関係式 …………………30
光　速 ………………………58
光　波 ………………………28
こう配 ………………………29

コヒーレンス ………………88
コヒーレンス長 ……………88
コヒーレント時間 …………88
コヒーレント波 ……………88

【さ】

サイドローブ ………………96
左旋楕円偏波 ………………61
参照面 ……………………110

【し】

磁　荷 ………………………31
磁　界 ………………………28
時間コヒーレンス …………88
磁気単極 ……………………31
磁気壁 ………………………41
磁束密度 ……………………28
実効屈折率 ………………106
四分の一波長整合回路 ……66
四分の一波長線路 …………22
遮断条件 …………………112
斜入射平面波 ………………70
周　期 ………………………9
周期構造 ……………………48
自由空間インピーダンス …58
自由空間波数 ………………37
自由空間波長 ………………59
自由スペクトルレンジ ……85
集中定数回路 ………………2
周波数 ………………………9
受動的結合 ………………120
ジュール損 …………………13
主ローブ ……………………96
商用周波数 …………………65
シンク関数 …………………96

【す】

スカラ ………………………28
スカラ積 ……………………29
スカラ波動方程式 …………33
スカラヘルムホルツ方程式 …37
ストークスパラメータ ……61
ストップバンド ……………51
スネルの法則 ………………68
スポットサイズ ……………44

索引

【せ】

正弦波振動 …………………… 8
整合負荷終端線路 …………… 23
積分方程式 …………………… 46
線形媒質 ……………………… 30
前進波 ………………………… 5
全反射 ………………………… 75

【そ】

損失角 ………………………… 59

【た】

楕円偏波 ……………………… 60
多重干渉 ……………………… 84
縦波 …………………………… 55
ダランベールの解 ………… 4, 6
単一モード導波路 …………… 113
単位ベクトル ………………… 28
短絡終端線路 ………………… 23

【ち】

直線偏波 ……………………… 61

【つ】

通過帯 ………………………… 51

【て】

定在波 ………………………… 18
ディラックのδ関数 ………… 46
電圧 …………………………… 2
電圧定在波比 ………………… 19
電圧反射係数 ………………… 16
電位 …………………………… 34
電界 …………………………… 28
電荷の保存則 ………………… 31
電荷密度 ……………………… 28
電気壁 ………………………… 41
電磁遮へい …………………… 65
電磁波 ………………………… 28
電磁ポテンシャル …………… 34
電信方程式 …………………… 3
伝送線路 …………………… 2, 14
伝送線路方程式 ……………… 3
伝送電力 ……………………… 9
電束密度 ……………………… 28
電波 …………………………… 28
伝搬定数 ……………………… 10
電流 …………………………… 2
電流密度 ……………………… 28
電力移行率 …………………… 122

【と】

等位相面 ……………………… 43
等価伝送線路表示 …………… 57
同次ベクトル波動方程式 …… 33
透磁率 ………………………… 30
導電率 ………………………… 30
導波モード …………………… 107
導波路 ………………………… 106
等方性媒質 …………………… 30
特性アドミタンス …………… 11
特性インピーダンス ………… 10
特性コンダクタンス ………… 11
特性サセプタンス …………… 11
特性抵抗 ……………………… 11
特性リアクタンス …………… 11

【な】

内積 …………………………… 29
ナブラ演算子 ………………… 29

【に】

二次定数 ……………………… 11
入射角 ………………………… 68
入射波 ………………………… 13
入力インピーダンス ………… 20

【の】

能動的結合 …………………… 124

【は】

媒質境界面 …………………… 62
波数 …………………………… 37
波数ベクトル ………………… 42
パスバンド …………………… 51
波長 …………………………… 13
発散 …………………………… 29
波動方程式 …………………… 4
反射角 ………………………… 68
反射の法則 …………………… 68
反射波 ………………………… 13
搬送波 ………………………… 24
半値全幅 ……………………… 85
反転 …………………………… 23
半波長線路 …………………… 22
半無限平板 …………………… 94

【ひ】

非線形媒質 …………………… 30
ビート ………………………… 87
非同次ベクトル波動方程式 … 33
ビート周波数 ………………… 87
ひとみ関数 …………………… 90
非分散性媒質 ………………… 30
ビーム径 ……………………… 45
表皮効果 ……………………… 64
表皮の深さ …………………… 64
表面抵抗 ……………………… 65

【ふ】

ファブリ-ペロー干渉計 …… 85
ファラデーの法則 …………… 30
フィネス ……………………… 85
不均一伝送線路 ……………… 2
不均質媒質 …………………… 30
複素ポインティングベクトル 39
部分コヒーレント波 ………… 88
フラウンホーファー回折 …… 92
フラウンホーファー近似 …… 92
フラウンホーファー領域 …… 93
ブラッグ反射 ………………… 128
フーリエ変換 ………………… 24
ブリユアンダイアグラム …… 50
ブルースター角 ……………… 75
フレネル回折 ………………… 92
フレネル-キルヒホッフの回折
　公式 ………………………… 90
フレネル近似 ………………… 92
フレネル係数 ………………… 73
フレネル積分 …………… 94, 95
フレネル領域 ………………… 93
フロケの定理 ………………… 48
ブロッホ関数 ………………… 49
分散曲線 ……………………… 114
分散性媒質 …………………… 30
分散方程式 …………………… 108
分布定数回路 ………………… 2

【へ】

平面波 ………………………… 42
ベクトル ……………………… 28
ベクトル積 …………………… 29
ベクトル波動方程式 ………… 33
ベクトルヘルムホルツ方程式 36
ベクトルポテンシャル ……… 34
ヘルムホルツ-キルヒホッフの
　積分定理 …………………… 90
ヘルムホルツ方程式 ………… 10
変位電流 ……………………… 31
偏波 …………………………… 60
偏波面 ………………………… 60
偏微分方程式 ………………… 46

【ほ】

ポアンカレ球 ………………… 139
ホイヘンスの原理 …………… 91
ポインティングベクトル …… 39
方形開口 ……………………… 100
放射モード …………………… 107

【ま】
マクスウェルの方程式 ……… 28

【む】
無損失伝送線路 …………… 3
無ひずみ条件 ……………… 15

【も】
モード結合 ………………… 118
モード結合方程式 ………… 118
モード結合理論 …………… 118

【や】
ヤコビアン行列 …………… 7

【ゆ】
誘電体多層膜 ……………… 66
誘電率 ……………………… 30

【よ】
横共振条件 ………………… 111
横波 ………………………… 54

【ら】
ラプラシアン ……………… 33

ラプラス演算子 …………… 33

【り】
臨界角 ……………………… 74

【れ】
レイリー–ゾンマーフェルトの
  回折公式 ………………… 91
連続の方程式 ……………… 134

【ろ】
ローレンツゲージ ………… 35

【F】
FSR ………………………… 85
FWHM ……………………… 85

【N】
NA ………………………… 45

【P】
PDE ………………………… 46
p偏波 ……………………… 69

【S】
SVEA ……………………… 44
s偏波 ……………………… 69

【T】
TE波 ……………………… 69
TEモード ………………… 108
TM波 ……………………… 69
TMモード ………………… 108

【V】
VSWR ……………………… 19

―― 著者略歴 ――

小柴　正則（こしば　まさのり）
1976年　北海道大学大学院工学研究科博士課程修了（電子工学専攻）
　　　　工学博士（北海道大学）
現在，北海道大学名誉教授

波動解析基礎
Basic Theory for Wave Analysis　　　Ⓒ 一般社団法人　電子情報通信学会　2002

2002 年 12 月 5 日　初版第 1 刷発行
2023 年 2 月 20 日　初版第 5 刷発行

検印省略	編　者	一般社団法人 電子情報通信学会 https://www.ieice.org/
	著　者	小　柴　正　則
	発行者	株式会社　コロナ社 代表者　牛来真也
	印刷所	壮光舎印刷株式会社
	製本所	株式会社　グリーン

112-0011　東京都文京区千石 4-46-10
発行所　株式会社 コ ロ ナ 社
CORONA PUBLISHING CO., LTD.
Tokyo Japan
振替00140-8-14844・電話(03)3941-3131(代)
ホームページ　https://www.coronasha.co.jp

ISBN 978-4-339-01827-1　C3355　Printed in Japan

本書のコピー，スキャン，デジタル化等の無断複製・転載は著作権法上での例外を除き禁じられています。購入者以外の第三者による本書の電子データ化及び電子書籍化は，いかなる場合も認めていません。
落丁・乱丁はお取替えいたします。

電子情報通信レクチャーシリーズ

(各巻B5判，欠番は品切または未発行です)

■電子情報通信学会編

共通

番号	配本順	タイトル	著者	頁	本体
A-1	(第30回)	電子情報通信と産業	西村吉雄 著	272	4700円
A-2	(第14回)	電子情報通信技術史 ―おもに日本を中心としたマイルストーン―	「技術と歴史」研究会 編	276	4700円
A-3	(第26回)	情報社会・セキュリティ・倫理	辻井重男 著	172	3000円
A-5	(第6回)	情報リテラシーとプレゼンテーション	青木由直 著	216	3400円
A-6	(第29回)	コンピュータの基礎	村岡洋一 著	160	2800円
A-7	(第19回)	情報通信ネットワーク	水澤純一 著	192	3000円
A-9	(第38回)	電子物性とデバイス	益川・天川 修・一 哉平 共著	244	4200円

基礎

番号	配本順	タイトル	著者	頁	本体
B-5	(第33回)	論理回路	安浦寛人 著	140	2400円
B-6	(第9回)	オートマトン・言語と計算理論	岩間一雄 著	186	3000円
B-7	(第40回)	コンピュータプログラミング ―Pythonでアルゴリズムを実装しながら問題解決を行う―	富樫敦 著	208	3300円
B-8	(第35回)	データ構造とアルゴリズム	岩沼宏治他 著	208	3300円
B-9	(第36回)	ネットワーク工学	田村・中野・仙石 裕・敬介・正和 共著	156	2700円
B-10	(第1回)	電磁気学	後藤尚久 著	186	2900円
B-11	(第20回)	基礎電子物性工学 ―量子力学の基本と応用―	阿部正紀 著	154	2700円
B-12	(第4回)	波動解析基礎	小柴正則 著	162	2600円
B-13	(第2回)	電磁気計測	岩﨑俊 著	182	2900円

基盤

番号	配本順	タイトル	著者	頁	本体
C-1	(第13回)	情報・符号・暗号の理論	今井秀樹 著	220	3500円
C-3	(第25回)	電子回路	関根慶太郎 著	190	3300円
C-4	(第21回)	数理計画法	山下信雄・福島雅夫 共著	192	3000円

配本順				頁	本体
C-6	(第17回)	インターネット工学	後藤滋樹 外山勝保 共著	162	2800円
C-7	(第3回)	画像・メディア工学	吹抜敬彦 著	182	2900円
C-8	(第32回)	音声・言語処理	広瀬啓吉 著	140	2400円
C-9	(第11回)	コンピュータアーキテクチャ	坂井修一 著	158	2700円
C-13	(第31回)	集積回路設計	浅田邦博 著	208	3600円
C-14	(第27回)	電子デバイス	和保孝夫 著	198	3200円
C-15	(第8回)	光・電磁波工学	鹿子嶋憲一 著	200	3300円
C-16	(第28回)	電子物性工学	奥村次徳 著	160	2800円

展開

				頁	本体
D-3	(第22回)	非線形理論	香田徹 著	208	3600円
D-5	(第23回)	モバイルコミュニケーション	中川正雄 大槻知明 共著	176	3000円
D-8	(第12回)	現代暗号の基礎数理	黒澤馨 尾形わかは 共著	198	3100円
D-11	(第18回)	結像光学の基礎	本田捷夫 著	174	3000円
D-14	(第5回)	並列分散処理	谷口秀夫 著	148	2300円
D-15	(第37回)	電波システム工学	唐沢好男 藤井威生 共著	228	3900円
D-16	(第39回)	電磁環境工学	徳田正満 著	206	3600円
D-17	(第16回)	ＶＬＳＩ工学 ―基礎・設計編―	岩田穆 著	182	3100円
D-18	(第10回)	超高速エレクトロニクス	中村徹 三島友義 共著	158	2600円
D-23	(第24回)	バイオ情報学 ―パーソナルゲノム解析から生体シミュレーションまで―	小長谷明彦 著	172	3000円
D-24	(第7回)	脳工学	武田常広 著	240	3800円
D-25	(第34回)	福祉工学の基礎	伊福部達 著	236	4100円
D-27	(第15回)	ＶＬＳＩ工学 ―製造プロセス編―	角南英夫 著	204	3300円

定価は本体価格+税です。
定価は変更されることがありますのでご了承下さい。

図書目録進呈◆